LES

JEUX RURAUX

SUR

L'ÉDUCATION DES TROUPEAUX ET LA FÊTE DE LA BERGERIE,

SCÈNE PASTORALE,

EN TROIS ÉGLOGUES;

Par Cl. Roucher-Deratte,

Ancien Professeur de Physique et de Chimie, Auteur de plusieurs autres Scènes pastorales, de divers Ouvrages scientifiques, et de, etc.

A MONTPELLIER,

De l'Imprimerie de JEAN-GERMAIN TOURNEL, Place de la Préfecture, N.o 216,

22 Juillet 1815.

NOMS DES INTERLOCUTEURS.

DELABERGERIE, agronome-berger, chef des bergers.

LUCAS, dit OVILE, berger, fils d'Alcmon et futur de Perette.

MÉRINOSSE, agronome-berger.

LANICOLE, agronome-berger.

ALCMON, berger, père de Lucas.

PERETTE, bergère, orpheline.

AGNÈS, bergère, amie de Perette.

D'ARCHEROUTE, dit ARATRE, agronome-berger, étranger.

DE HAUTETERRE, dit ARISTÉE, agronome-berger, étranger.

Plusieurs bergers et bergères.

Un général d'armée étranger avec des officiers.

La scène pastorale est à quelques lieues de Paris, sur les bords de la rivière de la Seine.

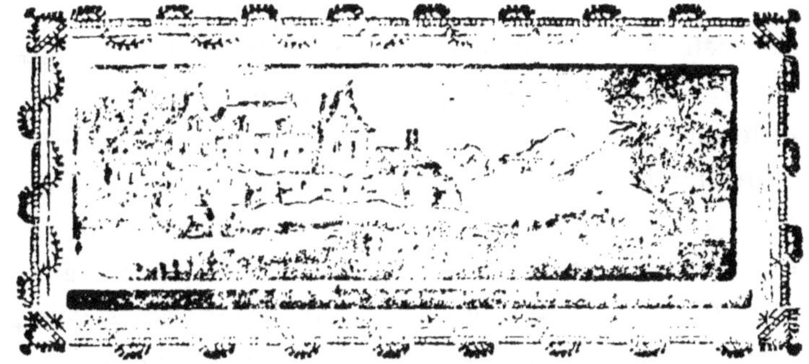

LES JEUX RURAUX

SUR

L'ÉDUCATION DES TROUPEAUX

ET LA FÊTE DE LA BERGERIE.

ÉGLOGUE I.re

ALCMON, *faisant, avec Lucas et Perette, paître son troupeau le long de la Seine au son du chalumeau, s'adresse à Lucas et à Perette.*

Ah ! chers enfans, que j'ai regret de me voir obligé de différer votre hymen, malgré la promesse solennelle que je fis d'accomplir vos vœux ! Oui, vous dis-je, sitôt que l'astre radieux de la paix apparoissant, viendra mettre fin à nos peines, arrêter les désastres de la patrie, sécher les larmes de la bergerie toute en deuil, l'affranchir des transes d'une barbare conscription, fléau dépopulateur des champs comme des cités, la désolation des pères non moins que celle des enfans habiles à porter les armes, je vous unirai, selon vos désirs, pour assurer votre bonheur et le mien. Mais, qui pouvoit s'attendre, qui pouvoit appréhender que nos troupeaux, nos chers troupeaux, deviendroient, hélas! l'objet des rapines; que le misérable Alcmon auroit à pleurer la perte de la moitié de son troupeau. Ah! le cœur me saigne, mes chers enfans, de différer votre bonheur.

Mon cher Lucas, ma chère Perette, ça ne peut être long. Encore un peu de temps, et espérons que la divine Providence, sensible aux vœux des malheureux, aux prières de votre père infortuné, ne tardera pas à venir à votre secours; et qu'en récompense de vos vertus, de votre respect filial et de vos chastes amours, elle nous enverra quelque être compatissant, quelque ange tutélaire qui, s'intéressant à nos infortunes et à l'honnêteté des sentimens, pourra favoriser votre union, contribuer à votre bonheur. J'ai cet espoir, mes amis.

Pauvre orpheline (*en embrassant Perette avec attendrissement*)! aimable fille de mon ami Sigismond, bien digne d'être la mienne, précieux legs de l'amitié immortelle qui nous unissoit, recueillie au berceau! fille aussi d'une mère infortunée qui cessa d'être en te donnant le jour! soutien de ma vieillesse! que ne méritent pas toutes tes qualités et ton bon caractère! tu feras le bonheur de mon fils, mon fils fera le tien; et l'un et l'autre vous ferez la joie de ma vieillesse.

PERETTE (*en essuyant ses pleurs*). Très-honoré Alcmon, votre sollicitude et votre tendresse paternelles me dédommagent bien du retard apporté au bonheur de me voir unie à jamais au cher Lucas.

Non moins résignée et docile à toutes vos volontés qu'à celles de la Providence et qu'à l'empire de la nécessité, nous attendrons, lui et moi, un temps plus opportun. Sans être moins reconnoissante et affectionnée, puissé-je être, en mon particulier, assez heureuse pour contribuer à alléger vos peines, et adoucir l'amertume de vos adversités, qui sont les nôtres.

LUCAS. O le plus soucieux, le plus aimant des pères! qu'aucune considération et contre-temps n'aillent pas altérer le repos de vos jours, hélas! si précieux pour vos enfans; écartez de votre esprit tous vos soucis et toutes vos inquiétudes à notre égard: trop heureux pour nous, si vous n'avez pas à souffrir de l'état de gêne et de détresse, où le sort nous réduit, sans que de pareils regrets viennent y joindre leurs amertumes!

Ah! quelque sensible qu'il soit à mon amour pour la chère Perette de voir reculer le terme de ma félicité, je saurai, comme elle, me résigner aux circonstances. C'est un sacrifice dû à l'amour paternel. L'habitude des contrariétés que donne l'infortune, les vertus que vous m'avez transmises me feroient un crime du moindre murmure.

ALCMON. Chers et tendres enfans! Combien de pareils sentimens tempèrent et calment mes anxiétés, l'agitation de mes esprits et de mon cœur, de ne pouvoir vous rendre aussi heureux que vous le méritez! Tout en rendant grâces aux immortels de votre résignation et de vos vertus, et tout en me soumettant aux décrets paternels de la Providence, je ne cesserai d'implorer leur bénédiction et leur faveur à votre égard. Puissent-ils améliorer votre sort, vous faire prospérer! Non que je vous désire une grande fortune ; à Dieu ne plaise, elle est trop dangereuse pour la conservation des bonnes mœurs, et même le bonheur de la vie pastorale : je désire seulement un peu d'aisance, qui nous permette d'étendre, multiplier n tre troupeau, et d'établir un jour les enfans que le ciel pourra vous donner ; qui vous mette à même enfin de vous procurer toutes les douceurs de la vie pastorale, et dont la privation ne vous fasse pas désirer d'abandonner la houlette, l'état de vos pères, jadis si honoré, si honorable encore, quand on l'exerce avec honneur et lumières. Certes ! quoiqu'il ait perdu de son antique splendeur, que le sceptre ne soit plus confondu avec la houlette, mon cher Lucas, on peut encore s'y distinguer, bien mériter de la société ; ce que tous les états ou professions doivent ambitionner. Les hommes, quels qu'ils soient, grands et petits, se doivent réciproquement des services ; ils doivent se rendre utiles les uns aux autres, ne pouvant se suffire à eux-mêmes. Tel est le but et l'objet de toute association, et de toute institution sociale.

Mais ne te laisse jamais éblouir, mon cher Lucas, par l'orgueil des rangs et l'éclat des richesses. Il en coûte plus pour être heureux à proportion que les besoins, les rapports sociaux et hiérarchiques, et les moyens de la fortune s'étendent et se multiplient.

Tu vois au reste les funestes résultats d'une ambition effrénée ; elle est la source de toutes les calamités, qui ont affligé la patrie, tant il est dangereux même pour le repos et le bonheur des sociétés et des gouvernemens, de trop favoriser une passion qui entraîne toutes les autres à sa suite, et d'où ne peut à la longue qu'en résulter une immoralité déplorable : ambition d'autant plus funeste dans certains états qui ne peut souvent que tourner au détriment du genre humain.

Borne toute ton ambition à désirer la prospérité de l'état pastoral, et à t'y faire une célébrité innocente. La carrière des jeux ruraux nouvellement établis, ou restaurés sous le beau ciel de l'occitanie, près de Montpellier, dans cette contrée fortunée, célèbre de tout temps par ses belles races de moutons, peu inférieures à celles d'Espagne et d'Angleterre. Tu as assez de connoissances déjà pour entrer en lice. Il doit être question du régime et de l'éducation des troupeaux. Cette matière doit t'être assez familière d'après tous les documens et instructions que tu tiens d'Alcmon ton père ; ainsi il faut sans crainte t'essayer, quoique tu ne doives pas t'attendre aux honneurs du triomphe, réservés sans doute à la maturité de l'âge et du talent, mais ne fut-ce que pour faire connoître le fils du vieux Alcmon, dont le nom jouit de quelque considération, tu dois, Lucas, te montrer sur les rangs. Des étrangers de Montpellier illustres bergers, dont l'un est fondateur des jeux, réfugiés ici, forcément déplacés, doivent, dit-on, y assister, Cette circonstance, ajoutant à l'éclat de nos jeux, te fournit l'occasion de te faire honorablement connoître d'eux. Soutiens, mon fils, la réputation d'Alcmon ; que Lucas fasse honneur au cirque. Je te laisse, fais paître le troupeau. En attendant, Perette restera auprès de toi pour surveiller les agneaux. Vous retournerez à la bergerie lorsque l'heure de la solennité approchera.

Lucas. Approche, chère Perette, viens t'asseoir un peu auprès de moi, nous pouvons bien, quelque temps, laisser paître nos brebis et nos agneaux sous la garde vigilante de nos chiens; viens, mon cœur a besoin de s'épancher dans le tien. Tu n'as rien à craindre de moi ; le ciel est témoin de la pureté de mes sentimens. Ah ! chère Perette, ce baiser tendre, mais respectueux, imprimé sur ta belle main, te dit à la fois mon amour et ma considération. Quand serai-je assez heureux !... il faut convenir que je suis bien malheureux ! toujours quelqu'entrave ! toujours quelque accident ! toujour du retard à mon bonheur ! quand le sort jaloux cessera-t-il de m'être contraire ? quand pourrai-je, mon adorable Perette, te prodiguer la tendresse et les soins assidus du plus affectionné, du plus caressant des maris !

PERETTE. Que veux-tu mon bon ami, il faut bien savoir se résigner au destin ; pourvu que notre amitié n'en souffre pas ; que tu sois toujours constant, tendre et fidèle ; toujours, Lucas, Lucas ! Amant soumis, mais passionné, occupé sans cesse de la pauvre Orpheline Perette, son protecteur et son appui, abandonnée de l'univers, hors de ton père et de toi, cher Lucas. *Elle lui donne un baiser et pleure.*

LUCAS Oh ! que j'essuye tes larmes qui me fendent le cœur, ma chère Perette, ou plutôt que ma bouche les recueille ! Nuit et jour occupé de toi, du bonheur que j'éprouve à t'aimer, ne crains-tu pas de m'affliger par tes soupçons ? je soupire sans cesse après l'heureux moment, où nos cœurs réunis, confondus n'auront qu'un même sentiment, les mêmes plaisirs ou les mêmes peines. Les échos doivent t'être témoins, de mes pensées, de mes amoureuses complaintes ; mon chalumeau ne s'enfle que pour toi ; compte à jamais sur mon amour, sur ma constance, et te repose sur mon cœur du soin de ton existence.

PERETTE. Cher et très-cher Lucas, compagnon des jeux de mon enfance, unis et rapprochés dès le berceau, l'amitié n'a fait chez nous que précéder l'amour; tristes et languissans lorsque nous étions séparés l'un de l'autre, que dois-je être aujourd'hui, que l'amour le plus long le plus tendre nous tient et nous resserre dans de si douces chaines? crois que le lierre tient beaucoup moins que moi à l'ormeau, qu'il embrasse (*elle lui jette un bras autour du cou*).

Lucas. (*En lui donnant un tendre baiser*). Aimable, ravissant objet de mon idolâtrie, quelle carrière de douceur se prépare pour nous, lorsque, sous les lois sacrées de l'hymen, nos cœurs, nos candides cœurs, encore timides, pourront, ivres de sentiment, s'épancher librement, se presser l'un contre l'autre. ... Mais voici des importuns qui approchent, séparons-nous. Oh! je crois que ce sont les Lergers Mérinosse et Lanicole qui jouent en chœur du chalumeau.

Eh, bon jour Mérinosse, Lanicole! (*en faisant quelques pas en avant et les saluant de la houlette*), où portez-vous vos pas? Quel heureux berger ou aimable bergère peuvent-ils vous attirer ici?

Lanicole, (*lui rendant le salut pastoral, ainsi que Mérinosse*). Nos hommages, dit-il, se portent plus haut, aimable Lucas, quelque digne qu'en soient tout berger ou bergère recommandable par des talens ou des qualités aimables, et vous entre autres; sachez qu'il ne s'agit de rien moins de notre part que le projet de rendre des hommages pastoraux à la Nymphe de la Seine, que nous venons attendre auprès de vous; un signe, un prodige extraordinaire s'est montré. Nous avons vu une colombe, portant un rameau d'olivier en son bec, qui se dirigeoit de votre côté, et comme les bergers de la Judée, suivant les inspirations du ciel, nous sommes accourus dans la direction de la colombe ; ne l'avez-vous pas aperçue?

Lucas. Non ; mais puisqu'elle s'est dirigée de ce côté-ci, il est possible que nous puissions l'avoir. Mérinosse, Lanicole, je joindrai mes hommages aux vôtres. Assayez-vous ici ; en attendant nous causerons choses et autres.

Mérinosse. Volontiers ; on ne sauroit être mieux, la perspective est agréable et charmante, le paysage très-pittoresque ; la vue domine une très-grande étendue de campagne, se prolonge jusques à la grande cité dans le lointain.

Qui l'eut dit, oh Lanicole, Lucas, après tant d'infortunes, et au milieu des désastres qui nous environnoient, que nous pussions sitôt jouir de nouveau du retour de la paix et de l'empire des Bourbons, et faire sous leurs auspices la restauration des jeux ruraux.

Pouvoit-on se flatter d'échapper aux désastres des dissentions intestines sur-tout, qui désoloient par-tout plus ou moins la plupart des cités et des hameaux, et menaçoient de leur ruine, autant la chaumière du pâtre, que les palais des princes? Pouvions-nous nous promettre encore le bonheur de mener paître nos chères brebis, nos tendres agneaux, le long des rives fleuries de la Seine, lorsque le Dieu courroucé de la guerre jetoit par-tout l'épouvante et faisoit déserter ces rives attristées. Lorsque divers partis ralliés sous les étendards de l'insurrection, frémissoient de rage, et poussoient contre le ciel et la terre leurs clameurs épouvantables. Lorsque la cause du plus vertueux et du plus aimé des princes armant, coalisant toutes les nations de l'Europe, pouvoit tout faire appréhender de leur indignation. Lorsque des millions de bouches enflammées et tonnantes, comme autant de cratères, pouvoient, au milieu des plus vives actions, des résistances les plus opiniâtres, quoique suivies d'une déroute épouvantable, faire craindre un vaste incendie, se répandant de proche en proche, jusques à la grande cité, et faire de notre chère patrie une seconde *Ilion.*

O Lanicole, Lucas! il faut bien que les Dieux du haut de l'Olympe aient pris pitié de nos malheurs, en faisant triompher les armes des alliés et les augustes rejetons du grand Henri et du plus sage des rois, qui mérita la gloire d'être surnommé le père du peuple. Gloire la plus douce, la plus honorable, qui doit à jamais éclipser celle de tous les rois conquérans.

Lanicole. Oui nous sommes bien heureux, après tant de calamités, de voir le terme de nos infortunes! Oh! si cet état violent eut duré plus long-temps, quel réduit solitaire! quel désert! quel repaire même de bêtes sauvages eut pu nous mettre à l'abri, non-seulement nos troupeaux, mais même nos personnes, nos femmes, nos enfans, et sur-tout nos jeunes gens! Ah! sans doute, le ciel courroucé contre nous, contre les crimes de la France, s'est laissé apitoyer par l'excès de nos maux; et, touché des malheurs, des infortunes sans pareilles d'une race exemplaire du meilleur des rois, étouffant le génie de la destruction, et chargeant d'une triple chaîne le démon des discordes civiles, éteignant les brandons de la discorde, écumant de rage, a fermé les portes de l'abyme où nous étions près d'être engloutis. O Dieu! ne cesses de répandre du trésor de tes grâces cet esprit de paix et de concorde, qui fait l'harmonie, le bonheur de la société; et que le spectacle de l'univers proclame par-tout si hautement! Ah fais-nous jouir désormais d'une paix inaltérable, le grand œuvre de l'esprit de civilisation?

LUCAS. S'il est permis, après avoir été battu par la tempête, de reposer ses regards attendris sur son tableau, pour s'en rappeler les circonstances, contempler, comme du port, un spectacle horrible, se pénétrer du sentiment que l'on éprouve d'avoir échappé à l'imminence de tant de dangers. Mérinosse, Lanicole, jetons-y tous un coup-d'œil. Oh! que de choses n'aurions-nous pas, mes amis, à rapporter, après avoir vu de si près tant de scènes affreuses dans diverses campagnes?

D'après ce qui vient de se passer sous nos yeux, quels ne sont pas les ravages, les dégâts, la terreur et l'épouvante que répand une armée dans sa marche et ses stations! C'est un torrent dévastateur qui submerge, entraîne, renverse tout ce qu'il rencontre et lui fait le moindre obstacle. Prairies émaillées de fleurs, et guerets couverts de riches moissons, et coteaux verdoyans de pampre, et chargés des richesses de Bacchus, et bois et forêts, rien n'est épargné, lorsque les circonstances l'exigent : heureux lorsque le paisible habitant des champs et des cités n'est point foulé, vexé dans sa personne, et lorsque son domicile n'est pas pillé, gaspillé par des soldats effrénés ou exaspérés par des privations et les souffrances, malgré les défenses les plus rigoureuses!

Il faut, comme nous, en avoir été témoins pour se représenter le spectacle affreux d'un pays, théâtre de la guerre ou des dissentions intestines, d'une place, d'une ville assiégée, enfin d'un champ de bataille. Et, ô douleur! tout ce que présente de pitoyable et de déchirant les différentes scènes d'horreur qu'offrent ces circonstances. Crayonnons un de ces tableaux.

Quel tableau que le premier! L'explosion de cent bouches d'airain foudroyant les remparts d'une cité, jetant l'épouvante et la consternation dans l'esprit des citoyens, glaçant de terreur, depuis le plus foible jusques au plus intrépide; des bombes, des obus écrasant les édifices, qui croulent sur leurs malheureux habitans; l'incendie allumé en divers points, et à moins d'une r ddition, assiégés et assiégeans aux prises les uns avec les autres; après une prise d'assaut par diverses brèches ou l'escalade intrépide, transportés d'une égale rage, se chercher, se poursuivre sur les rampars, jusques par les rues, s'entrefusiller, forcénés; la rage et les excès allant croissant, les habitations forcées; les citoyens éplorés et invoquant en pleurs avec des mains suppliantes, la clémence de son ennemi, mais en vain; tous passés au fil de l'épée, égorgés dans leur foyer, sans respect pour l'âge, le sexe, les infirmités; le sang ruisselant de tous côtés, le pillage et l'incendie, portés par-tout, terminant cette affreuse scène!

Mérinosse. Qu'il est hideux le second tableau! Divers partis exaspérés, les uns par des passions ambitieuses, l'esprit de révolte, l'esprit de domination, des principes erronnés de politique, et divers préjugés; les autres animés par le sentiment de l'injustice, de l'oppression, de l'indignation, du désir de rendre triomphantes la modération, l'honnêteté des principes, la vertu, la justice, la légitimité des prétentions des principes au trône sur l'usurpation qui en a été faite: les deux partis, dis-je, attroupés, vociférans en désespérés, se cherchant, se provoquant, courant aux armes; et armés de fusils, de poignards, de faulx, et de divers instrumens meurtriers, et déjà en présence l'un de l'autre, jurant d'exterminer tout le parti opposé, se fusillant avec le plus grand acharnement; les rues teintes du sang des citoyens, les pavés jonchés de leurs cadavres ; la rage se communiquant de proche en proche, le nombre des partisans croissant, ô fureur ! des femmes, des enfans y prendre part ; tous les liens des relations sociales, ceux du sang, de l'amitié, dissous, brisés ; tous les égards, toutes les convenances oubliés, méconnus ; chacun uniquement mû par sa passion ou son mobile, ne respirant que destruction, ruine du parti opposé, faisant main basse sur tout ce qui lui paroît suspect ; et dans la crainte que quelqu'un de ses ennemis lui échappe, n'épargnant pas même le citoyen timide qui cherche à fuir pour se soustraire à l'orage, quelque innocent qu'il puisse être, quand il a le malheur d'en être aperçu ; heureux ceux qui, avant cette affreuse tempête, pâles et tremblans, ont déguerpi, abandonné fortunes et propriétés : les désastres portés à leur comble, le paisible et malheureux citoyen forcé dans son asile, dont les portes sont brisées, assassiné chez lui à côté de sa femme, de ses enfans, qui, l'aidant à se défendre, succombent avec lui sous les traits homicides du démon de la guerre civile ; enfin des hommes perdus de sentiment, d'humanité et d'honneur se joignant à la mêlée, et profitant du désordre ; les habitations livrées au pillage : scène déplorable, qui ne laisse après elle que désastres irréparables, des larmes à répandre et des regrets immortels !

Lanicole. O combien il est affreux, le tableau représentant un combat, une action ! le prélude seul est navrant. Combien est morne et sombre le silence de mort, qui précède l'action, où chacun replié sur son existence en danger, croît voir la mort planer sur sa tête ! Comme toutes les fibres frisonnent en ce moment ! Quel resserrement, quelle constriction se fait sentir dans tous les pores ! le sang glacé d'effroi s'arrête un instant dans les veines ; le cœur cesse alors de battre chez le plus intrépide comme chez le plus peureux ; mais à peine le signal du combat est-il donné, que l'attaque la plus vive, la résistance la plus opiniâtre, sont déployées de part et d'autre! chacun aspirant aux honneurs du triomphe, et plusieurs à s'élever en grade, tous se livrant aux fureurs martiales qui les agitent, excitées par les esprits de l'eau-de-vie, et les sons éclatans et furieux du clairon et des trompêtes, qui enflamment le courage, exaltent toutes les têtes. Bientôt après de charges continuelles d'artillerie, lançant par-tout des milliers de boulets qui sillonnent les rangs et font mordre la poussière à un grand nombre ; les explosions des bombes et des obus, dont les éclats si meurtriers font au loin de grands ravages ; l'action devenant plus vive, les armées rapprochées faisant pleuvoir respectivement sur leurs ennemis une pluie meurtrière de plomb à travers un déluge de flamme et de fumée. Tantôt pour arrêter l'impétuosité des escadrons ennemis, fondant comme un torrent débordé ; tantôt pour décider le sort trop incertain du combat ; on voit, dans le premier cas, des bataillons serrés, opposés comme un rocher impénétrable, une forêt de baïonnettes pointées en avant, qui renversent, et chevaux et cavaliers ; et dans le second, on les voit se lancer, se précipiter avec fureur contre les bataillons opposés des ennemis, se choquer, et les combattans renversés par milliers à travers des flots de sang, joncher la terre de leurs cadavres ; enfin recourir au sabre, comme dernière ressource ; *l'ultima furoris* et le plus affreux, le plus sanglant carnage en résulter, et ne cesser que lorsque le vaincu bat la retraite, ou qu'il fuit en désordre, après une déroute, ou enfin que, livré à la merci du vainqueur, celui-ci veuille lui faire grâce.

Eh ! quel aspect horrible que le champ de bataille après le combat ! lorsque le voile noir qui l'enveloppoit comme un crêpe se replie, dissipé par le père de la lumière, dont le disque paroissoit d'un rouge ensanglanté à travers les vapeurs de la poudre, et vient offrir aux regards émus, attristés, ces plaines ruisselantes de sang, jonchées de morts et de mourans, dans une étendue que l'œil ne peut embrasser; d'une foule de troncs, de membres épars et palpitans encore; enfin d'un nombre plus ou moins grand de blessés, dont les blessures sont plus ou moins graves, poussant tous des cris déchirans de souffrance et de douleur; plusieurs invoquant la mort comme un bienfait.

Lucas. O Mérinosse! ô Lanicole! puissions-nous ne jamais revoir pareilles boucheries! Ah! puissent la philosophie et la religion sur-tout travailler à éteindre ou modérer au moins cette manie martiale, cette fureur des combats et des victoires! ah! puissent les Dieux fixer à jamais parmi nous la paix et la concorde, ramener, avec la justice, le règne paisible d'Astrée! C'est ce que l'heureux retour du règne paternel des Bourbons nous met en droit d'attendre.

Mais, ô prodige! le ciel exauce les vœux des simples bergers; Lanicole, Mérinosse, voilà la colombe que vous aviez aperçue : elle porte en son bec un rameau d'olivier, et trace dans l'air des circonvolutions autour de notre zénith.

Lanicole. Cela ne peut être que d'un heureux augure; la Nymphe de la Seine ne peut pas tarder à paroître. Ce prodige ne sauroit être naturel.

Mérinosse. C'est d'autant plus merveilleux, que vous avez dû remarquer qu'elle a disparu en s'élevant dans la profondeur de l'Olympe. Ce signe de paix de la part des immortels, ne peut être que le précurseur de la venue de la Nymphe.

Livrons-nous, après tant de pensers affligeans, aux sentimens que nous inspire la plus aimable, comme la plus aimée des Nymphes! Que nos chants et nos chalumeaux lui expriment, à l'envi et tour à tour, tout ce que nous éprouvons! Faisons retentir les échos de ses louanges! Puissent-elles en hâter le retour! Mon cher Lucas, comme le plus jeune, c'est à vous à commencer.

Lucas. Aimable Nymphe, digne des hommages de tous les mortels, tous les bergers qui fréquentent, avec leurs troupeaux, les rives verdoyantes de la Seine, qui ont le bonheur d'habiter cette riche contrée, te doivent des louanges. Viens reprendre au plutôt les rênes de ton empire. Reviens, reviens escortée de toutes les Naïades composant ta cour. Ta présence dissipera le trouble de ces ondes, encore émues, trop long-temps agitées par la tourmente de tant d'orages. Par un souffle de ta douce haleine, tu précipiteras le limon impur qui en souille encore la transparence et la limpidité.

Mérinosse. Charmante Déité, dont la présence réjouissoit toute la contrée, qui ne dédaignes point d'écouter les modestes chants des bergers, de prêter l'oreille au son de leurs humbles chalumeaux, qui t'es si souvent montrée sensible à nos peines et à nos besoins, dont le doux sourire ravit tous les cœurs, que les échos, muets depuis long-temps, dans les grottes abandonnées des Naïades, te portent de proche en proche nos hommages et nos vœux. Où que tu te sois réfugiée, Nymphe si intéressante par tes infortunes, le ciel te rendant à nos désirs, ah! reviens, reviens habiter le lieu natal de ton empire, pour le bonheur de tous les bergers et bergères de la contrée ; notre repos, notre joie, tiennent à ta présence. Le règne du zéphir fécondant n'est pas plus désiré après le règne désastreux du fougueux aquilon et des autans tempétueux, qui avoient usurpé son empire.

LANICOLE. Sans toi, adorable Nymphe, la paix ne peut répandre tous ses bienfaits dans nos contrées, attristées trop long-temps de tes malheurs et de ton absence. Ces ondes engourdies et lugubres n'inspirent sans toi que langueur, mélancolie, et paroissent ne couler qu'à regret. Leur sombre murmure se joint à nos accens plaintifs pour t'invoquer. Objet de notre idolâtrie, quel que soit le réduit qui récèle le trésor de ton existence, toi, le sujet éternel de nos chants, reviens, reviens ! vois ces bords attristés, entends les bêlemens gémissans de nos troupeaux, et les sons plaintifs de nos chalumeaux réclamer ta présence. Nous te demandons aux cieux, à la terre, à la nature entière, au jour comme à la nuit.

LUCAS. O la plus douce des Nymphes ! nos regards sont affamés de contempler la majesté de tes traits, les lys de ton teint, de ton beau visage et la blancheur de lait de ton superbe sein, lorsque à moitié voilé par les ondes dorées de ta chevelure, tu viens élever ton buste divin au milieu des flots, venant sourire au son joyeux de nos chalumeaux et aux accens agrestes de nos bruyantes voix.

MÉRINOSSE. O la plus infortunée des Nymphes ! trop long-temps errante et fugitive de grotte en grotte, chez les Nymphes étrangères, ou de ta famille, pour échapper aux poursuites de ton ennemi et le nôtre, pour implorer du secours et intéresser tous les demi-Dieux et Déesses en ta faveur, chasser l'usurpateur ; il t'est rendu l'héritage de tes pères ! tu n'as plus rien à craindre. Oh ! si quelque agresseur osoit encore te menacer, nous le jurons sur nos houlettes et par les ondes de la Seine, malheur au téméraire et à ses satellites ! Reviens donc, reviens recevoir nos adorations et notre encens !

Lanicole. O la plus aimée, la plus adorée des Nymphes, auguste rejeton de demi-Dieux, précieux fruit d'un hymen, tant célébré par les hymnes patriotiques de deux chantres illustres, dont l'un hélas ! ô trop malheureux frère ! cigne trop infortuné, ne cessa de faire l'éloge jusques sous le couteau qui le trancha aussi lui-même ; ah ! viens t'asseoir sur les bords chéris de la Seine, reprendre les rênes de ton empire ; ton urne jadis solitaire versera de tes mains la fertilité et l'abondance, fécondera la végétation, vivifiera toutes les campagnes qui se plaisent à dominer sur les coteaux voisins, appellera le commerce sur tes bords, avec les richesses des deux mondes, et tous les produits de la ferme, de la bergerie, de l'agriculture, et du jardinage, pour alimenter cette population immense de la grande cité, et celle affluant de tous les pays du monde, pour venir te rendre des hommages bien mérités, faire l'éloge de ta beauté, de ta douceur et de la magnanimité de ton âme.

Lucas. Intéressante Déité, les enfans de l'harmonie montent déjà leur lyre d'or pour célébrer ton triomphe, chanter tes louanges et te proclamer la reine des Nymphes. Que leur céleste harmonie, leur ravissante mélodie te fassent hâter ton retour.

Mérinosse. Célèbre Nymphe, déjà l'histoire prépare son burin et ses immortelles tablettes, et se dispose à te présenter aux contemporains, à la postérité, comme le sujet des plus grandes infortunes, comme un modèle de toutes les vertus, de patience, de résignation, de bonté, de clémence, de douceur, et de toutes les grandes qualités, de fermeté, de grandeur d'âme, d'héroïsme, de tous les beaux sentimens, et te présenter en même-temps comme l'objet du triomphe de la justice et de la protection signalée des immortels, et des efforts de tes partisans. Déjà la renommée, embouchant la trompette, célèbre ton nom de l'orient à l'occident, du midi jusqu'à l'ourse.

LANICOLE. O joie, ô triomphe! La voici, la voici, cette Nymphe tant désirée; elle avance, elle approche triomphante, radieuse, portée sur le dos enorgueilli des dauphins, enflant leur bouche, faisant jaillir au loin l'eau à grand flots, escortée des joyeuses Naïades, bondissant de joie sur la surface des eaux! O prodige! le ciel signale son entrée. Iris déploie dans les nues son écharpe étincelante du feu du scarboucle, de l'or, de la topaze et du bleu d'outre-mer; l'astre radieux du père de la lumière, dégagé des brouillards, dissipant, précipitant les nues, fait étinceler les ondes de la Seine agitées, tressaillant de joie. Quelle affluence de monde se précipite pour venir contempler une Nymphe qui fait l'idole de tous les cœurs! Oh que nos voix et nos chalumeaux expriment notre allégresse, que cette journée à jamais mémorable devienne un sujet fécond et immortel de nos chants. Vive, vive la Nymphe de la Seine!

LUCAS. O transports! Salut, Nymphe adorable! Soyez la bien venue! Que toutes les houlettes s'inclinent, jusques à terre, de respect! que l'Olympe retentisse de nos acclamations! que des chants de triomphe circulent le long des rives de la Seine et pénètrent jusques à la grotte royale de la Nymphe! Vive, vive à jamais la plus désirée des Nymphes!

MÉRINOSSE. Nymphe, génie tutélaire des bergers

qui hantent les bords fleuris de la Seine, salut, trois fois salut! Reçois l'hommage de nos cœurs réjouis de ta présence; après avoir tant soupiré après toi, quelle n'est pas notre joie, notre ivresse, de te revoir dans ton empire, triomphante, glorieuse d'avoir mis en fuite ton ennemi! Tous les bergers réunissant leurs houlettes en un fusceau, symbole de la réunion indissoluble de leur cœur, désormais vont t'en faire hommage, comme d'un trophée, à toi bien plus agréable que tous les faisceaux d'armes. Vive, vive notre Nymphe tant désirée!

LUCAS (*voyant avancer Aratre, Aristée et Alcmon qui les conduit pour être temoins de l'arrivée.* Ah! vous voilà, honorables bergers? Que vous êtes aimables d'être venu.

ARISTÉE. Le bon Alcmon nous a conduit ici pour être temoins de l'arrivée de la Nymphe, vous nous avez tous ravis de vos chants divins, que nous avons été à temps et à portée d'entendre! Jamais lutte plus honorable ne s'étoit ouverte entre les bergers! vous nous avez fait regreter de n'être pas de la partie, et de n'avoir pas nos flûtes avec nous. Comme nous eussions eu de plaisir de vous seconder à l'envi, sans avoir la prétention de rivaliser! Jamais Bergers, n'ont enflé plus noblement le chalumeau! Véritablement, jamais sujet plus auguste et plus digne d'être célébré! Vive, vive la Nymphe et toute sa famille auguste!

ARATRE. Mes amis, vos sons ravissans nous ont enlevé! Pan, Apollon eussent été jaloux de vous entendre, d'avoir vu tirer du chalumeau des sons aussi sublimes, aussi nobles et aussi harmonieux! Les accens, les modulations de vos voix, répondant aux sons de vos instrumens, formoient des accords divins, bien dignes du sujet auguste que vous venez de préconiser ; les hommes comme les immortels s'intéressant au sort de la Nymphe, vous devez être persuadés que vos hommages lui seront transmis. Les Naïades qui habitent la Seine, ou les Dryades qui habitent le creux des arbres, qui en ombragent les rives fortunées, enchantées comme nous sans doute de l'harmonie et de la mélodie de vos instrumens et de vos voix, car j'ai été témoin combien la surface des eaux sourioit, combien le feuillage des saules agités paroissoit y prendre part, s'intéressant à la Nymphe, les lui auront transmis de proche en proche. Vive, vive la Nymphe et tous les siens !

Alcmon. O Mon fils Lucas, qu'ai-je entendu ! tu t'es surpassé ! comme tu ajoutois au plaisir que me procure l'arrivée de la Nymphe ! près de mon couchant, il m'est bien doux de l'avoir encore pu voir de mes yeux affoiblis par le grand âge. Lucas, jamais je ne t'aurois cru capable de pareille chose ! tu me fais bénir le jour de ta naissance. O la plus chère des Nymphes ! le tendre intérêt que tu inspires, exalte sans doute toutes les facultés et tous les talents. Vive, vive la plus chère, la plus désirée des Nymphes ! Pardon illustres bergers de l'Occitanie, pardonnez à l'enthousiasme d'un père.

Abatre. Nous le partageons avec vous, honnête Alcmon. Votre fils effacera la gloire de beaucoup de bergers.

Aristée. Il fera la gloire de votre vieillesse et l'honneur de quelque heureuse bergère.

Lucas. Illustres bergers, vos éloges ne me surprennent pas, connoissant combien vous êtes honnêtes, indulgens.

Méranosse. Noublions pas que l'heure de la solennité approche ; retirons-nous. Lucas viendra nous joindre, ayant ramené son troupeau à la bergerie.

FIN de la première Eglogue.

II.e ÉGLOGUE.

De Labergerie. Bergers-Agronomes ou simples bergers, la restauration des jeux ruraux qui s'est opérée sous le beau ciel de l'Occitanie, contrée déjà célèbre du temps des Gaulois par ses races de moutons, supérieures à toutes celles qui existoient en Europe, au rapport de Columelle qui vivoit dans le premier siècle de notre ère, et qui se conservèrent telles sous Clovis et les deux premières races de nos Rois, jusques à l'irruption des Normands et des Barbares du Nord, nous engage à en faire autant parmi nous. Quoique moins privilégiés par le climat et toutes les circonstances locales, les encouragemens et les secours plus multipliés que nous recevons sans cesse de la munificence du gouvernement, doivent promettre à nos efforts des succès qui serviront d'exemple et exciteront une noble émulation entre les diverses parties de la France, relativement à un des premiers objets d'économie rurale.

Il n'en est point, en effet, de plus important que les troupeaux de bêtes à laine ou de moutons, première richesse de la ferme. La laine, la peau, la chair, le suif, les os, les cornes, les boyaux, le lait, les engrais, font, de cet animal, un être des plus intéressans, et les mettent en rapport avec la plupart des arts de la société.

Leurs laines cardées, peignées, filées, tissées, feutrées, font la matière de la plupart de nos manufactures, et en occupant des milliers d'artisans, elles nous fournissent, depuis les étoffes grossières, depuis la bure qui couvre le simple pâtre, jusques aux draps les plus fins, qui revêtent, plus ou moins éclatans, de broderies et de dorures, les monarques et les favoris de la fortune.

Leur chair parfumée, exquise comme celle des moutons de Gange, se fait rechercher sur les tables les plus *épicurieuses;* leur suif, qui le dispute à tout autre par son abondance, sa fermeté, sa blancheur, fournit la substance la plus employée pour l'éclairage; leurs os par leur dûreté, leur blancheur, l'éclat, le poli dont ils sont susceptibles, fournissent la matière d'une foule d'ustensiles, des manches de rasoir, de couteau, des moules de boutons même.

Et ce qui les rend infiniment plus précieux, triturés, moulus, soumis à l'action de la marmite de Papin, ou d'une chaleur très intense, l'art en extrait une gélatine nourricière, abondante, qui fait d'un objet de rebut, de la pâture des chiens, une nourriture très-saine, qui peut devenir une grande ressource pour la classe indigente dans les hospices des malades ou des malheureux.

Leurs boyaux, âme de plusieurs instrumens, outre les cordes élastiques qu'ils fournissent à divers arts, deviennent, par les diverses vibrations harmoniques, dont ils sont susceptibles, étant convenablement préparés et disposés, la source des plaisirs qui font le charme du cœur et de l'oreille; et la base de divers instrumens précieux.

Nous devons à leurs peaux, outre les chaudes fourrures qu'elles nous fournissent, diversement préparés par le chamoiseur, le mégissier, et une foule d'autres artistes, des chausses de chamois, des guêtres, des gants, des velins, des maroquins, etc.

Nous sommes redevables à leurs cornes de divers

ustensiles. Jusques aux rognures de leur peau, tout est mis à contribution ; diverses colles en sont le résultat.

Leur lait, outre le suave et agréable aliment qu'il fournit aux enfants, aux femmes, aux veillards, aux infirmes, richesse de la ferme, que d'excellens fromages ne fournit-il pas, plus ou moins mêlé au lait de vâche, ne fut-ce que celui de Roquefort?

L'excellent engrais qu'ils fournissent est au-dessus de tous les éloges, sans doute. --- Oui, les troupeaux sont la première richesse rurale; d'elle découlent toutes les autres. Justement appréciée de toutes les nations, depuis la plus haute antiquité jusques à nos jours, on a vu de tout temps les Rois et les peuples favoriser plus ou moins la bergerie. Les premiers Rois, comptant leurs richesses par leurs troupeaux, étoient Rois et pasteurs tout à la fois. Et l'ancienne Egypte, l'ancienne Grèce, l'antique Rome, successivement émules l'une de l'autre pour tout ce qui pouvoit faire la prospérité de l'Etat et de la Nation, pleinement convaincues que la culture soignée des troupeaux en étoit la première source, attachoient la plus grande considération à l'animal d'où elle dérivoit, et aux individus voués à sa culture ou à son amélioration. Des noms honorables étoient attachés, chez les romains, aux censeurs chargés de surveiller l'éducation des troupeaux, quand ils avoient bien mérité, à cet égard de la patrie. Le surnom d'*Ovilus*, dérivé de bergerie, étoit un grand titre d'honneur et de gloire.

Les Etats modernes de l'Europe et leurs potentats, persuadés comme les anciens de la haute importance de cette branche de la fortune publique, ont successivement fait des efforts pour répandre la culture des moutons et favoriser leur amélioration, en introduisant des races étrangères supérieures. Ainsi on a vu successivement les Rois d'Espagne, d'Angleterre, de Hollande, de Suède et de France, et des hommes d'état, ou distingués par leurs lumières, leurs vues de bien public, faire importer des races exotiques choisies, et rendre, par cela seul, leurs noms recommandables à la postérité. En Espagne Dom Pedre et Ximenes, en Angleterre Edouard III et Edouard IV, en Hollande Hell, en Suède Christine et Jonas Alstrom, en France Charlemagne et autres qui l'ont gouvernée. Dans ces divers états des établissemens privilégiés, aux frais du Gouvernement, et sous la surveillance de Commissaires nommés exprès, se sont formés pour faire des pépinières, comme à Ségovie en Espagne, à Cantorbery en Angleterre, dans le Texel et la Frise Orientale, en Hollande, à Hojentrop et Berga dans la Wesgothie, en Suède, à Chambord et autres lieux en France.

Mais en vain le gouvernement se constitueroit en frais pour favoriser la propagation et l'amélioration des troupeaux, si les agronomes-bergers, le simple berger même ne le secondoient de tous leurs efforts.

Hommes utiles et précieux des champs, ce sont de vos labeurs, de vos soins, de vos lumières que dépendent l'education des troupeaux, leur fécondité, la conservation des bonnes races, et la restauration de celles dégénérées, ou l'amélioration des races indigènes par des races exotiques, ainsi que tous les avantages qui doivent en résulter, tant pour la ferme et la bergerie, que pour la société.

C'est de vous, de votre sagacité que dépendent l'amélioration des laines, toujours relatives à celle des moutons et généralement la bonne santé des troupeaux, l'exemption en partie des infirmités et des épizooties qui les affligent, la guérison de leurs maladies, le choix du régime, celui des pâturages, qui doit être relatif aux circonstances du temps, à la constitution des troupeaux, à l'état languissant ou maladif des moutons, aux races diverses, à l'âge, et une foule de circonstances qu'il seroit trop long d'énumérer.

Que la carrière de jeux ouverte à tous les agronomes-bergers ou simples bergers excite une noble émulation! que les prix, les recompenses et les honneurs décernés à ceux qui auront bien mérité fassent germer le talent et prospérer la bergerie. Enfans de Palès, disciples de Pan, sachez que le véritable mérite est de se rendre utile à la société ; que le véritable honneur ne dépend pas toujours de l'opinion des hommes et de leurs préjugés, mais de la vertu, des talens et de l'importance des services rendus à la patrie.

Il ne peut qu'être bien glorieux d'obtenir des distinctions, au milieu des applaudissemens de la contrée, assemblée solennellement. Vous allez cueillir non des couronnes pompeuses de laurier réservées aux favoris de Mars ou d'Apollon ; mais des couronnes de chêne, arbre bien plus précieux que le laurier, emblême de votre vigueur et de votre fécondité. Venez consacrer dans les fastes de l'agriculture, des noms à jamais chers à tout ce qui s'intéresse au bien public, à la splendeur de la ferme et de la bergerie.

Il est question dans ce concours, 1.o du régime et de l'éducation des troupeaux en général ; 2.o des diverses espèces de moutons, de leur propagation, multiplication, conservation, restauration et améliorations ; 3.º de l'amélioration des laines en particulier, des maladies et de l'âge des moutons : Trois points de vue différents également intéressans. Chacun des trois contendans en voudra bien traiter succinctement un et en s'entenant à des généralités.

Apollon, Pan, Aristée, divinités emblematiques protectrices de la bergerie et des troupeaux, que sans cesse vos benignes influences se fassent sentir à nos troupeaux ! Des libations de lait et des holocaustes auront lieu en votre honneur. Soyez témoins, divinités champêtres, de nos luttes et de nos fêtes pastorales. Inspirez par votre présence invisible, nos athlètes se surpassant feront des efforts héroïques.

L'homme des champs en se voyant sous les regards des immortels, conserve des mœurs plus simples plus pures, plus vertueuses et en aime davantage son état. Vive la houlette !

L'arène est ouverte, vous pouvez y descendre.

Lucas. Essayons, ô mon chalumeau ! quelque air mâle et modeste tout à la fois, quelques accords majestueux, mais simples, qui puissent monter ma voix au ton du genre géorgique et pastoral, qui convient lorsqu'on a à traiter didactiquement du régime et de l'éducation de nos chers troupeaux. O Divin Pan daignes inspirer un jeune berger, s'élançant pour la première fois dans la noble carrière de jeux pastoraux et chalumiques.

Beliers, moutons brebis, tendres agneaux, accourez, approchez, venez caresser la main du berger officieux qui vous prodigue de tendres soins. Objets de ma sollicitude, de mes occupations, de mes plaisirs et de mes peines, je vais parler des documens que tout berger doit connoître, observer, étant chargé d'un troupeau ayant le commandement de la houlette.

Il faut que chaque jour un exercice agréable et salutaire, favorisant toutes vos secrétions, une douce transpiration entre autres, excite votre appétit, sur-tout lorsqu'elle est languissante, entretienne ou restaure votre santé, votre vigueur, vous préserve d'une partie de vos infirmités, ou les atténue et vous en délivre; mais qu'allant la tête à l'opposite du soleil et du vent, votre cerveau frêle et délicat ne soit point exposé aux coups d'ardeur du soleil et aux vertiges du tournis, qui vous sont également funestes, qu'en conséquence le berger prévoyant vous mène paître le matin du côté du couchant et le soir vers le levant son opposé. Que le berger intelligent, lorsqu'il vous mène à paître, vous fasse éviter, timides animaux, tout objet de fayeur, le bruit même du vent qui vous gendarme; qu'il vous conduise lentement, sur-tout en gravissant les colines et les lieux escarpés, et principalement lorsqu'il a des brebis pleines et de jeunes agneaux à conduire, que berger vigilant, il vous fasse éviter les épines et les piquans, les buissons et tous les arbustes armés, jaloux des dépouilles de votre toison, pour vous garantir d'être blessés et de la gale; qu'il ne vous fasse pas moins fuir les plantes dangereuses, telles que la jusquiame, les tithymales, et généralement toutes celles qui pourroient vous être nuisibles, quoique assez saines d'ailleurs, mais pouvant, trop aqeuses et flattulentes, prise en certaine quantité, devenir nuisibles et funestes, comme les trèfles, la luzerne, le froment, le seigle, l'orge, le coquelicot et tous les regains; qu'il se garde bien de vous conduire paître dans les pâturages, les prairies enfoncés, humides, quelque gras et touffus qu'en soit l'herbe et les herbages; ayant à craindre à la longue les maladies du foie, diverses pourritures ; à moins qu'il veuille vous mettre à l'engrais, et vous destine à vous faire servir dans peu à notre nourriture : qu'il attende, pour vous mener aux champs, que le soleil ait évaporé les perles de la rosée matinale ; l'humidité rendant mal saines les herbes et tous les fourrages, si ce n'est celle du soir, non mal saine, et l'humidité provenant de la pluie d'orage, après la sécheresse et la chaleur, rendant alors l'herbe plus appétissante. Que le berger éclairé et soigneux menant chaque jour paître son troupeau, même en hiver, malgré le froid, la gelée et la neige, à l'exception d'un temps pluvieux et bourasqueux, le conduise de préférence dans les plaines, les prairies élevées, dont l'herbe est sèche, fine et délicate, sur les coteaux plus ou moins parfumés de thym, de lavande et de toutes sortes de plantes aromatiques, dans les montagnes riches d'herbages sechés, succulens et salutaires, dans les bois, les forêts dégarnis par des clairières, qui cachent sous la pierre une herbe fine, délicate, dans les bruyères et les landes sablonneuses, où des plantes savoureuses excitent un appétit dévorant ; enfin, dans les guerets où l'herbe pointe à travers le chaume, et aussi, jusques le long des bordures des sentiers et des chemins, qui offrent en tout temps aux moutons une tendre et fine pelouse, plus ou moins parfumée par l'odeur et l'arome des plantes fragrantes et aromatiques : et, s'il le peut, qu'il les conduise dans les prés salés et les pâturages savoureux qui avoisinent la mer, le long des riches lisières des côtes maritimes, ou dans ces presqu'îles fortunées où tous les végétaux qui y croissent, et le sol même, sont imprégnés d'un sel muriatique, dont les moutons sont si avides ; dont ils ont besoin même, sur-tout lorsqu'ils sont dégoûtés, languissans et malades : que, mêlé à leur nourriture, lorsqu'on est à portée de s'en procurer, et lorsqu'il n'est pas trop cher, il leur soit administré tous les quinze jours au moins, mais avec sobriété ; une petite poignée à chaque bête.

Qu'en tout temps, les fourrages frais des champs soient préférés aux fourrages secs des rateliers. Les herbes, plus saines, leur profitant davantage que le foin et la paille et toutes les plantes sèches.

Que les plantes qui ont acquis un certain accroissement, dont les sucs sont dépouillés de leur aquosité par un certain degré d'élaboration, comme à l'époque de la fleuraison, soient livrées à leur pâture de préférence à celles qui, trop jeunes, sont trop crues, trop aqueuses, et même à celles avancées en âge qui, ayant parcouru toutes les phases ou périodes de la végétation sont dures, coriaces.

Mais quand les pâturages frais manquent, comme en hiver, que les fourrages secs, quoique moins salubres aux moutons, aux brebis, sur-tout, pleines ou allaitant leurs agneaux, les remplacent. Et pour empêcher le dépérissement des troupeaux, l'altération de leur santé, qu'une ration chaque jour de quelques herbes ou racines fraiches leur soit fournie, telles que diverses espèces de choux, la carotte, le panais, la rave, les pommes de terre, les navets, les topinambours, les salsifis, le chervi, la pimprenelle et le pastel ; que les graines, telles que l'avoine, l'orge et le son de froment, et les glands mêmes leur soient présentés, mais d'une main avare ; que les légumes, tels que les féveroles, les vesces, les pois, les haricots et les gerbées de tous ces légumes et grains leur soient fournis ; que même les feuilles de plusieurs arbres, du charme, du frêne, du peuplier, du saule, du mûrier, du bouleau, soient mises à contribution, et suppléent, autant que possible, à une pâture fraîche, jusqu'au retour de la belle saison.

Mais, qu'en tout temps la nourriture soit réglée, et pas trop ou trop peu copieuse; huit livres d'herbes fraîches environ ou deux livres de fourrages secs, suffisent.

Que l'onde claire et limpide d'un ruisseau ou d'une rivière les désaltère, sans les y arrêter, une fois chaque jour, ou alternativement, selon la saison, la sécheresse ou l'humidité de l'air. Trop altérés, c'est signe de maladie chez les moutons.

Que, par les soins intelligens du berger, des étables bien disposées, abritées contre le souffle glacial de l'aquilon en hiver et contre l'haleine brûlante de l'*eurus* en été, convenablement aérées, où règne une grande propreté, et où se trouve une litière souvent renouvelée et point croupissante, vous présente, intéressans animaux, un asile sain et commode, un refuge contre les intempéries du temps et des saisons.

Que des sons gais de chalumeau, vous réjouissant, vous allégent la fatigue de la marche, vous anime et vous excitent à reposer, comme à paître et à folâtrer dans la prairie.

Que le berger soucieux vous mette, pendant les heures brûlantes de la journée, à l'abri des rayons d'un soleil trop ardent, soit à l'ombre d'un bâtiment, d'un mûr, d'une rangée d'arbres, ou vous mènent à la bergerie.

Que durant les feux embrasés de la canicule, et lorsque les prairies dépouillées, et l'herbe par-tout déjà jaunissante, flétrie desséchée, ne présentent qu'un aliment insipide et peu abondant, comme dans les pays méridionaux que le berger prudent, émigrant avec son troupeau vous conduise dans la montagne, s'il en est à portée, pour y faire une station de quelques mois, tout l'Été et une partie de l'Automne ; vous y fasse brouter des plantes non-moins succulentes que suaves, jusques à ce que la froidure l'oblige de l'abandonner.

Dès que la douce température du Printemps le permettra, aussitot que le signe du belier fera son ascension sur l'horizon, que le berger actif et laborieux s'empresse de disposer ses claies, et fasse parquer son troupeau sous la garde de ses chiens, sentinelles vigilantes contre les surprises des loups, annoncés par les bêlemens plaintifs du troupeau et par ses aboiemens, étant aperçus de loin ; contre lesquels il doit être armé pour le défendre ou les mettre en fuite ; que pendant ce temps le berger se livre aux douceurs du sommeil, ou aux charmes de la contemplation des cieux ; tout resplendissans, durant ces belles nuits d'Été, ou de l'éclat argenté de la lune ou d'une foule d'astres étoilés, planettes et constellations ; qu'il se plaise, comme les bergers de la Chaldée, s'il est éclairé, à les reconnoître, ou au moins a observer leur cours, soit apparents, soit réels pour y lire l'heure de la nuit, où il doit changer son parc, ou pour élever son esprit jusques au créateur, l'artisan de toutes ces merveilles.

Que le troupeau parque la plus grande partie de l'année, et s'il le peut l'année entière ; ce qui est très-possible, d'après l'exemple des Anglais, des Suédois et autres, quoique dans des pays plus rigoureux. Tout en devient meilleur dans le mouton, peau, chair et toison ; sa santé en est invigorée et moins susceptible d'altération ; la brebis en devient plus féconde et les agneaux plus forts, moins sujets à dépérir. Partisans de la vie sauvage, d'où leurs ayeux ont été arrachés, les moutons se plaisent à vivre en plein air, et bientôt résistent à l'inclémence des saisons : une ou deux générations pour cela suffisent ; que le berger féconde successivement, par l'engrais du troupeau, une étendue plus ou moins considérable ; car un troupeau de cent bêtes peut fertiliser, en une saison, huit arpens pour six années.

Le moment arrivé où la nature fait ressentir aux brebis, naturellement froides, quelque ardeur, et aux beliers chaleureux toute la fougue des brûlans désirs, que le berger vigilant livre au belier impétueux quinze à vingt femelles : ce nombre est suffisant, non pour assouvir la faim de ses jouissances, mais pour le conserver en vigueur, et toujours apte à la fécondation. Que le mois de Novembre soit l'époque préférée pour la saillie ; les agneaux naissant cinq mois après sous la constellation des gémeaux, dans la plus belle saison de l'année, en deviennent et plus forts et plus sains ; il en échappe un plus grand nombre que de ceux engendrés au mois d'Août et naissant dans le mois de Janvier ou Février, qui, foibles et délicats, ne peuvent servir à multiplier le troupeau, et sont uniquement bons pour être engraissés et servir pour la subsistance, fournissant une chair tendre et délicate.

Que tout le temps de la gestation des brebis, le berger plus attentif redouble de soins, d'attention et de ménagemens, soit aux champs, soit au parc ou à l'étable, pour obvier à l'avortement dont elles sont si susceptibles. La moindre chute, une frayeur, une bourasque, une explosion du tonnerre suffisent pour cela. Qu'une nourriture alors, et plus saine et plus abondante, leur soit présentée par un berger compatissant ; que seulement, dans des accouchemens périlleux pour les agneaux ou pour la mère : comme lorsque l'enfant se présente par les pieds de devant, au lieu de se présenter par la tête, qu'officieusement alors le berger accoucheur-né, aide le petit et la mère à une heureuse délivrance. Que sa douceur et sa patience stoïque, au milieu de sa douleur muette, n'intéressent pas moins la sensibilité du berger que l'intérêt du troupeau et de la bergerie : et aussitôt qu'elle a mis bas, qu'un breuvage d'eau tiede blanchie de son, et de l'orge et de l'avoine, la restaurent et la tempèrent. Que le nourrisson léché, séché par la bouche de cette tendre mère ; à son défaut, séché par le berger obligeant, soit placé à côté d'elle et rapproché de sa mamelle, mais après l'expulsion du premier lait qui lui seroit, dit on, nuisible, mamelle qu'il faut l'obliger à prendre s'il la néglige.

Que la meilleure nourriture de la saison soit présentée à la mère nourrice, tout le temps qu'elle allaite son nourrisson ; que, bien nourrie et bien soignée, elle puisse fournir à une abondante sécrétion de lait. C'est ainsi que l'avoine ou l'orge mêlés avec du son et les racines de rave, de navets de carotte et de salsifis, chargent de lait des mamelles flasques et vides. Que le petit d'une mère, sitôt mort, soit remplacé par un petit orphelin qui a perdu la sienne ; que, frotté contre le défunt, il fasse prendre le change à sa mère adoptive.

Que les agneaux, ces êtres si intéressans, deviennent l'objet de la tendre sollicitude du berger, et sur-tout des bergères ; frêles et délicats, qu'ils soient garantis de la froidure, et réchauffés dès aussitôt engourdis. Qu'un lait pur et abondant ne lui fasse point faute. La plupart périssent de causes opposées. Que, durant quatre ou cinq jours, ils aient leurs mères ou nourrices auprès d'eux; qu'ils les suivent au plutôt, deux ou trois semaines après, dans le voisinage et non loin de la bergerie encore, et qu'avant d'être sevrés, accoutumés déjà un peu à la pâture, ils puissent, trois ou quatre semaines après, loin de leurs mères et réunis en un jeune troupeau, ayant une douegne-brebis à leur tête, aller paître, folâtrer et bondir dans la prairie sur l'herbette.

Mais le moment est bientôt arrivé, innocens animaux, que le couteau..... Ah! rassurez-vous, ce n'est pas celui du boucher sans pitié! doit vous mutiler pour appaiser votre fougue, pour la paix du troupeau et de la bergerie; ainsi que pour l'amélioration de tout votre être. Chair exquise, délicate, laine plus touffue, plus frisée et plus moëlleuse, passions plus douces, caractère plus bénin, en sont les heureuses suites. Après quoi vous irez impunément confondus avec vos pères, couler paisiblement le reste de vos jours, vous suffisant de nous livrer le tribut annuel d'une toison incommode, inutile, que les buissons vous arracheroient en pure perte.

Ah! ne craignez pas la main officieuse du berger bienveillant, lorsque vous plongeant à mi-corps dans l'onde transparente et pure; il frotte et lave votre toison souillée d'immondices et d'impuretés, avant de vous en alléger, dût-il y revenir plus d'une fois. Dépouillée de son suint, votre toison, source féconde de plusieurs de vos affections, votre santé y gagne, ainsi que la quantité et qualité de votre précieuse laine, quoique elle perde de son poids.

Encore une fois et pas plus, vos regards alarmés, craintifs moutons, timides brebis, tremblans agneaux, à la vue des ciseaux, vont vous faire frissonner et craindre pour vos jours, que vous croyez menacés. Rassurez-vous, innocens et candides animaux, aucun mal ne vous sera fait; mais vous nous devez, pour prix de nos soins, de nos labeurs, le tribut annuel d'une toison que nous avons tant cultivée, qui ne vous coûte rien, vous décharge d'un fardeau onéreux et va tourner à notre avantage!

Enfin qu'une marque quelconque à l'oreille vous fasse par-tout reconnoître.

Salut et santé, aimables animaux! paissez, paissez tranquillement sans souci, sans alarmes. Puissiez-vous rencontrer toujours par-tout à brouter des pelouses fines et délicates, et des plantes aromatiques appétissantes! D'une santé vigoureuse et d'une grande fécondité, donnez au troupeau des sujets robustes et qui puissent le multiplier! Puissent des saisons bien ordonnées, comme je les ai décrites ailleurs par rapport à l'économie animale et végétale, faire croître des pâturages sains et abondans, et qui vous affranchissent en même-temps des nombreuses infirmités qui vous affligent lorsque les saisons sont désordonnées, intempériques, anomaliques, pour le contentement du berger qui vous soigne et qui vous gouverne! Vivent les troupeaux et la bergerie!

Mérinosse. Après tout ce que vient de nous dire Oviles, le fils d'Alcmon, non moins renommé par ses lumières sur la bergerie, que le pays d'où son père porte le nom peut l'être, par le nombre de ses troupeaux, et la grande culture qui s'en fait, que pourrai-je rapporter de bien intéressant à votre égard, chers troupeaux, malgré tout le plaisir que j'éprouve à m'entretenir de vous ? Qui pourroit cependant se flatter d'épuiser l'intérêt que présente votre culture ! Que de choses un autre que moi n'auroit pas à faire connoître, et sur vos diverses races ou espèces et relativement à votre propagation, conservation, restauration et amélioration et croisement des races !

Grand Pan ! il faudroit tes connoissances, tes lumières, ton expérience. Répands sur moi tes célestes influences ! Exalte mes facultés et ma voix, s'il se peut, à se monter à la hauteur de la noblesse de mon sujet.

Paroissez, paroissez successivement, races nobles et privilégiées de moutons barbaresques, arabes ou indiens, castillans, anglois, hollandois, suédois et françois, à côté de quelques races ordinaires et communes, étrangères ou indigènes.

Descendus d'une tige commune, intéressans animaux, du mouton de barbarie, qui tire lui-même son origine du mouflon; des nuances assez tranchées cependant, vous séparent, quoiqu'elles ne soient que les résultats du déplacement, du climat, de la nature et de la diversité des fourrages, de l'éducation, de la culture; tant les circonstances topographiques et autres influent sur ces animaux, comme sur tous les autres!

Le mouton de Ségovie en Espagne, aussi bien que celui du Roussillon en France, issus de celui de Barbarie, dont ils descendent, tout glorieux de leur noble extraction et fiers d'être l'emblème, par la richesse de leur toison, du premier ordre de la noblesse espagnole, sont remarquables, quoique d'une petite taille, par la finesse, le soyeux de leur superbe laine. Non qu'en Espagne, comme en Angleterre, en France et par-tout, il n'y ait des espèces inférieures et communes; les unes indigènes ou censées telles par leur antique origine, se perdant dans la nuit des temps; les autres, bien que reconnues de races exotiques, ayant dégénéré, s'étant abâtardies, ou appauvries par le défaut de soins, la différence du climat, des fourrages, les croisemens.

Le mouton d'Angleterre, issu du mouton d'Espagne, non moins fier et jaloux de sa haute extraction, se distingue encore de ce dernier par une toison d'une blancheur éclatante, plus longue, et non moins fine et moins moelleuse, ce qui lui obtient les honneurs souvent de la préférence, par la vivacité des couleurs qu'elle reçoit à la teinture : unique fruit de leurs soins et du parcage toute l'année.

Le mouton du Texel en Hollande, aussi bien que celui de Jossentrop en Suède et celui de la Flandre en France, sortis dès leur origine, de l'Inde orientale, race colossale parmi la gent moutonnière, comme le sont les plantes de l'orient parmi le règne végétal, le disputent aux précédens; et rivaux jaloux, se targuent du luxe d'une toison deux ou trois fois plus abondante, beaucoup plus longue encore, et non moins fine et belle.

Le mouton d'Islande, très-petit, à laine grossière, âpre comme le climat hérissé de rochers et de glaçons qu'il habite, ne se fait remarquer que par son état rabougri, et de grandes cornes tournées en spirale, au nombre de trois, quatre ou cinq, avec lesquelles se frayant un chemin à travers la neige, il se fait un jeu de la faire voltiger et pleuvoir au loin.

Le mouton d'Ethiopie et de l'ancienne Phrygie, et celui du Cap de Bonne-espérance, ne sont dignes d'être remarqués, les premiers, que par une mauvaise laine ou poil, dont leur corps est tout hérissé, comme le porc-épic, tandis que, dans les derniers, il est couché.

Rien ne distingue le mouton allemand que des oreilles noires, des pieds creux.

Le berrichon et le solognean, qui s'en rapprochent, d'une taille un peu plus grande que le mouton du Berri, extrêmement petits, réclament à marcher après les beaux moutons du Roussillon et se font remarquer par leur ventre pelé.

Le mouton navarrois est remarquable par son mus au noir ; le beauceron, par une espèce de fraise de longue laine autour du cou ; le limousin et l'auvergnac, par leurs grandes cornes et leur robe tachetée souvent de noir, le beauvoisis, pourceau d'épicure, par la graisse dont il est chargé, et son obésité.

Sans aller plus loin dans un recensement fastidieux, s'il devenoit plus long, quelle que soit votre lignée et vos ancêtres, utiles animaux ; votre propagation, multiplication, étendant nos richesses, ne sauroient prospérer que par le choix des mâles et des femelles, l'âge requis, leur état de santé, de vigueur et des qualités requises pour la propagation.

L'âge est, en général, pour le mâle comme pour la femelle, depuis dix-huit mois ou deux ans, jusques à cinq ; leur fécondité va jusques à huit. On reconnoît leur âge aux dents, pour les brebis au moins, comme pour les moutons, qui successivement éprouvent des modifications : car pour les beliers, les anneaux de leurs cornes l'indiquent plus strictement.

En général, tête haute, oeil vif, bien ouvert,

front et museau secs, naseaux humides sans mucosités, haleine non fétide, bouche propre et vermeille laine touffue et bien adhérente, peau rosacée, non dégarnie nulle part de laine, agilité, force de jarret sont les signes physiologiques d'un état sain, chez les moutons; tandis que au contraire, air languissant, regard triste, abattu veine des yeux pâle, bouche puante, gencives décolorées, peau plus ou moins dépouillée de laine, sont les signes patognomoniques d'une santé déja altérée.

Les qualités dans un bélier de choix, sont, en général dans chaque espèce, outre les qualités relatives à l'espèce : tête grosse, nez plus ou moins camus, naseaux étroits et courts front ample, arrondi, yeux bien ouverts et vifs, oreilles grandes et bien laineuses, large encolure, stature élevée, certaine corpulence, rable large, panse volumineuse, queue longue et testicules bien fournis, laine étoffée et jusques autour des yeux, démarche hardie et pétulente.

Celles de la brebis, d'autre part, sont : taille avantageuse, toutes choses égales d'ailleurs, écarrure large, grands yeux vifs et lucides, col volumineux et droit, ampleur de ventre, tettines allongées, jambes menues et courtes, queue épaisse, robbe bien fourrée.

Et quant aux moutons, on doit choisir ceux qui sont sans cornes, bien faits de taille, ayant des os gros, une laine douce, grasse, nette et bien frisée, enfin vigoureux et hardis.

Il n'y a rien de remarquable pour la taille, qui varie au reste comme les espèces et les pays, si ce n'est que toutes choses égales d'ailleurs, on doit préférer la plus avantageuse. Cette taille varie depuis un pied de haut jusques à trois pieds huit pouces. La taille des races moyennes, qui varie beaucoup par suite ; est en France depuis dix-huit pouces jusques à vingt-deux ; celle de la petite race est depuis un pied à dix-sept pouces ; et la grande depuis deux pieds jusques à vingt-sept pouces. Tels sont les moutons du Roussillon pour la moyenne ; du Cotentin, du Berri pour la petite, et de Flandres, du Poitou, et de la Picardie pour la grande.

Que des fourrages abondans, appropriés au climat et aux espèces, favorisent cette propagation et multiplication, concurremment avec les soins et la surveillance active des bergers honnêtes, intelligens et expérimentés. En vain se flatteroit-on d'y réussir sans cet heureux concours, comme sans les influences salutaires du climat et des saisons favorables.

Pour multiplier les espèces, il faut encore, selon le précepte de Columelle, choisir celles qui peuvent le mieux convenir aux lieux, et choisir la race la plus féconde que chaque lieu puisse comporter.

La conservation des races réclame un régime approprié, exige, comme le conseille le célèbre Daubenton, d'allier toujours ensemble les individus mâles et femelles les plus beaux de la race que l'on veut conserver, et interdit les mélanges, les croisemens avec d'autres races inférieures en beauté et en qualité.

L'amélioration des races, objet encore plus important dans l'économie rurale, tient, non-seulement aux soins de l'éducation et de la culture des troupeaux, au choix mieux approprié du régime, aux modifications dont il est susceptible et qu'il peut réclamer, ce qui ne peut être que le fruit de l'observation et de l'expérience, que l'on doit toujours consulter par de nombreux essais ; mais tient surtout au croisement ; moyen efficace pour améliorer les espèces ou les races ; croisement qui peut avoir lieu de deux manières, ou avec des races indigènes, ou avec des races exotiques.

Dans le premier cas, pour faciliter les bons effets du croisement, lorsqu'on ne peut avoir des races pures, il conviendroit à l'instar de ce qui est conseillé à l'égard des chevaux, par M. Huzard, de ramener, autant que possible, à leur degré de pureté, et la race croisée, et la race croisante, dont elles se sont plus ou moins écartées depuis long-temps. Et ce n'est qu'après les avoir rétablies, qu'en les croisant, on les portera au degré d'amélioration le plus supérieur.

Dans les croisemens des races, au défaut des races pures, on doit encore observer, d'après l'expérience de Daubenton, non-seulement de croiser ensemble des métis plus ou moins purs, mais encore approchant plus ou moins respectivement d'un égal degré d'ascendance ; comme un quatrième métis mâle avec un troisième femelle ; un troisième avec un second, et un second avec un premier.

Le croisement des races indigènes avec des races exotiques de qualité supérieure, mérite beaucoup de considération, il faut que le climat se prête à l'introduction des nouvelles races, par les circonstances topographiques identiques en partie ; la différence seule de température n'est pas ce qui influe le plus ; et l'habitude peut même, malgré la différence, finir par acclimater les différentes espèces de bêtes à laine, lorsque leur émigration ou transplantation se fait du Sud au Nord, plutôt que du Nord au Sud ; lorsque le passage ne se fait pas par des extrêmes, qu'il est successif et gradué. C'est ainsi que les moutons de Barbarie, après s'être acclimatés en Espagne, pays plus tempéré, transportés de ce royaume en Angleterre, ont pu plus facilement s'acclimater dans ce dernier pays plus froid, où ils ne l'auroient peut-être pu, tirés directement de la Barbarie. C'est encore ce qui est arrivé aux moutons de l'Inde Orientale, transportés d'abord en Hollande, pays bien plus froid; et de-là en Suède, climat bien plus rigoureux que celui de la Hollande.

Ces circonstances sont plus relatives à la nature du sol, au rapport des fourrages, à la qualité des eaux, de l'air, des vents, à l'exposition des lieux, par rapport à l'aspect du père de la lumière et des vents, à la ressemblance, enfin, des sites : circonstances plus ou moins modifiantes d'après l'observation générale du grand Hippocrate, qui doivent repousser, lorsqu'elles sont opposées, toute introduction de race nouvelle qui y dépériroit, ou ne tarderoit pas à se détériorer; mais qui doivent, au contraire, lorsqu'elles présentent quelque similitude, encourager à introduire les races étrangères de qualité supérieure pour améliorer celles du pays, lorsqu'elles sont inférieures et susceptibles d'amélioration par le croisement.

Quoique la France en possède de qualité première un certain nombre, comme celles du Roussillon, du Berri, du Languedoc, du côté du Midi, et celles de la Flandre, de la Normandie, du côté du Nord; et sa position heureuse entre l'Espagne et l'Angleterre peut et doit la porter à multiplier et introduire chez elle, autant qu'il lui sera possible, les moutons de races Espagnole et Anglaise.

Nul doute que, dans les contrées qui avoisinent ces deux pays, et jusques à une certaine étendue, il ne doive se présenter des lieux analogues, susceptibles de faire prospérer ces races. Rapprochée d'elles, la France, par des températures qui ne diffèrent pas beaucoup, même à quelques distances dans les lieux limitrophes, coupée de plaines et de coteaux, et arrosée par des rivières, longée par la Méditerranée d'un côté, et l'Océan de l'autre, elle doit offrir sans contredit des sîtes semblables ; et l'expérience le prouveroit par une foule de faits et de résultats heureux qui ont eu lieu dans divers endroits, sur diverses races. La réussite des mérinos ne peut laisser aucun doute que l'on ne puisse élever en Languedoc cette belle race de moutons.

Les succès seroient incomplets d'abord quelque part, que le temps, l'habitude doit finir par les acclimater ; et, à moins que les circonstances topographiques ne s'y opposent ; la deuxième, troisième génération deviennent plus prospères, comme on l'a observé en Suède dans le temps et ailleurs, à l'égard de la race de Hollande. D'ailleurs, les nouvelles lumières que fournissent l'expérience journalière, doivent étendre la sagacité, et faire recourir à des moyens extraordinaires, modifiant heureusement nos premiers procédés. L'opportunité du climat, l'excellence des pâturages, la facilité de pouvoir parquer toute l'année, et se livrer aux attraits que vous avez pour la vie sauvage, vous offre, chers moutons, tous ces avantages dans quelques contrées privilégiées de l'Occitanie.

O plaines de la Camargue ! lieux célèbres dans les annales de l'histoire, où Marius établit un camp retranché, pendant la guerre des Cimbres et des Teutons, après avoir fait couper le Rhône, pour faciliter le transport des vivres. Et vous aussi, champs pierreux de la Craû, non moins illustres dans la mythologie par le combat des deux géans Albion et Bergion, tous deux fils de Neptune, contre Hercule, au secours duquel vint

Jupiter, par une pluie de grosses piérres, dont Hercule, après avoir épuisé ses traits, se servit, pour terrasser, écraser les géans: champs heureux, l'un et l'autre, qui avez sans doute vu paître dans la plus haute antiquité, les troupeaux si renommés des gaulois nos ancêtres, où s'en trouve quelques-uns encore, mais bien dégénérés, combien ne seriez-vous pas propices à recueillir quelques races choisies d'Espagne, de Mérinos, du Roussillon pour faire pépinière en France, d'où sortiroient ſur à mesure de riches colonies qui iroient peupler les diverses contrées qui seroient habitables et favorables! Puisse notre Gouvernement sage et protecteur tourner vers vous ses regards paternels!

Combien de considérations à faire ne me resteroit-il pas, sur un objet si intéressant et si fécond, sous tous les rapports sur lesquels je viens de jeter quelques regards; mais devant me borner à des généralités, je ne m'étendrai pas davantage.

Que ne puis-je, intéressans troupeaux, vous voir aussi multipliés que ceux qui couvroient les plaines de Sennaar ou les montagnes de l'Arcadie, lorsque l'état de pasteur étoit le premier état, et les troupeaux la première richesse des peuples et des rois. Que ne puis-je voir vos races diverses, les unes, sans cesse jalouses et glorieuses de leur antique lignée, être conservées par-tout pures et sans dégénérer! d'autres, dégradées, avilies, reprendre, restaurées, avec leurs qualités premières, leur honneur et leur gloire première! plusieurs, d'une condition médiocre, mais sans lustre, s'ennoblir en s'alliant à quelque race distinguée et transmettre sa noblesse à sa postérité! Heureux si, par une éducation soignée, cette illustration peut passer à un grand nombre de générations, sans avoir besoin d'être renouvelée ! Mais puissé-je ne voir jamais avilir la gloire et la beauté des races les plus privilégiées, et dégradées au point de contracter alliance avec des races d'une extraction obscure et d'un sang ignoble et vil ! c'est en pure perte : on n'obtiendroit jamais que des individus maculés, chétifs et peu recommandables. Puissé-je sur tout vous voir toujours sains et bien portans ! Vivent les troupeaux et la houlette !

LANICOLE. O Virgile, Vanière, Rosset, Daubenton, Carlier, dont la gloire se trouve liée en partie à l'économie pastorale, puissé-je comme vous bien mériter de la bergerie, dont je vais m'occuper, allant traiter des moutons, ou plutôt de leurs toisons et de leurs maladies, et parler des éloges qui leur sont dus.

Les laines sont un objet d'une si haute importance pour les manufactures et les arts, que leur culture et tout ce qui tend à les améliorer, ne sauroient, non plus que l'animal qui nous en enrichit, trop occuper les agronomes et les bergers, et mériter des encouragemens et des récompenses.

Je dirai d'abord que, dans chaque toison, quelle qu'en soit l'espèce, et quel que soit l'individu, belier, brebis, mouton, agneaux qui la fournissent, trois sortes de laines soient distinguées ; 1.º celle du dos et du cou, nommée mère-laine ; 2.º celle des cuisses et de la queue ; 3.º celle du ventre, de la gorge et de quelques autres parties.

Qu'en outre, soient encore distinguées et placées dans un rang le plus bas, et le jarret poileux, dur et luisant, qui se refuse à la teinture, plus ou moins abondant selon que la laine est grossière : toutes celles crottées ; les pelades des peaux des animaux tués, sur-tout celles de leurs cadavres dites morilles. Que l'on mette au rebut les peignons et les bourres.

Comme il est essentiel de distinguer la bonne de la mauvaise laine, divers moyens peuvent au tact les faire reconnoître. L'une est douce et moelleuse, et l'autre est rude et sèche. Frottés entre les doigts, les filamens paroissent doux ou rudes, selon l'un ou l'autre cas : et si ces derniers tiraillés résistent ou cassent, on apperçoit par là leur force ou leur foiblesse.

Que le volume rétabli ou non rétabli d'une poignée de laine comprimée dans la main, fasse appercevoir son nerf ou sa flaccidité. Les laines varient par la couleur : il y en a depuis le blanc le plus éclatant jusques au roux plus ou moins foncé, le jaune, le rouge et le noir.

Les qualités de la laine varient comme l'espèce qui la fournit ; plus ou moins fines et soyeuses, rudes et grossières, courtes ou longues, il en résulte diverses qualités, plus ou moins précieuses pour les manufactures et les arts, et qui leur donnent plus ou moins de valeur.

Mais, en général, toutes les laines fines peuvent être rapportées à deux classes principales, ou à la classe des laines d'Espagne, ou à celle d'Angleterre, qui présentent toutes deux une laine fine, douce, soyeuse, blanche ; mais qui sont distinguées entr'elles, en ce que les laines anglaises sont plus longues et plus blanches que celles d'Espagne, assez courtes et moins propres.

Ainsi, à la classe des laines espagnoles peuvent être rangées toutes les courtes, comme celles du Roussillon, du Berri, la petite espèce du Limousin, qui en approchent par la beauté : le Languedoc en offre aussi dans certains cantons qui valent presque autant, que l'on peut également leur ranger.

A la classe des laines angloises, peuvent venir se ranger aussi toutes les laines longues qui s'en rapprochent, comme celles de Lille, Varneton, Turcoin. Les laines de Hollande sont aussi dans la classe des laines angloises, dont elles prennent le nom, quoiqu'on les reconnoisse à leur longueur plus considérable.

Le poids ne varie pas moins que la qualité de la toison, dans les diverses espèces; les unes fournissent plus que les autres. Les espèces supérieures de moutons ne sont pas toujours celles qui en fournissent le plus : quoique, en général, à taille égale leur toison soit la plus touffue, la plus considérable.

Les beaux moutons d Angleterre donnent sept livres et demie de laine. Nos beaux moutons du Roussillon et du Languedoc, quatre; un mouton de Cotentin, deux livres et demie : les flandrins, qui sont la plus grosse espèce, de huit à dix et jusques à seize livres.

Ce poids varie, au reste, selon l'abondance ou la pénurie des fourrages et leur qualité, et selon que les saisons ont été plus ou moins favorables, et l'état de plus ou moins de vigueur où se trouve le sujet.

Ce poids de la toison varie relativement, au sexe. Le mouton, à raison de la castration, en produit plus que la brebis, et celle ci plus que le belier. La brebis angloise n'en produit que trois livres et le belier cinq, tandis que le mouton en produit sept et demi. Ce qui doit engager, lorsqu'on veut faire des rapprochemens en fait de toison, relativement à diverses espèces, pour savoir s'il est plus avantageux de cultiver l'une plutôt que l'autre, de prendre le résultat en poids des toisons réunies, du belier, de la brebis et du mouton.

L'avantage qui doit résulter pour un pays de ré-

roltent de belles toisons, outre celui d'avoir des animaux d'une chair plus exquise, ce qui suit un même rapport, doit engager à recourir à tous les moyens propres à entretenir la santé des troupeaux, à les soigner, les tenir dans un grand état de propreté, à leur faire observer un régime le plus approprié; et si l'on ne peut, faute des fourrages nécessaires, à assortir le pâturage à chaque espèce, l'herbe tendre, fine des plaines élevées, des coteaux aux petites espèces, comme celles du Berri, du Cotantin; et les gras pâturages, aux grandes, telles que celles de Beauvais, de la Picardie; à cultiver le genre de fourrage le plus propice à leur constitution, leur tempérament; à leur faire faire le plus d'exercice, sans les excéder, à les rapprocher de l'état de la vie sauvage, que l'expérience a prouvé leur être salutaire, et par conséquent, à les faire parquer le plus de temps que l'on peut, à moins que les terrains fangeux, argileux ne s'y opposent; les faire parquer toute l'année, ne seroit que plus avantageux, tant pour leur santé que pour leur laine, qui en deviendroit et plus belle, et plus considérable, donnant un quart de plus, à l'instar de ce que font les Anglois, les Hollandois, les Suédois, quoique habitant un climat assez froid. Les expériences de Hell, celles de Alstrom, et même celles faites par de Perce, Daubenton près de Montbard, en Bourgogne, devroient d'ailleurs y engager, depuis que le lavage à dos plus ou moins répété, favorisant, avec la transpiration, la pousse de la laine, soit plus ou moins répété. Que la tonte au mois de Mai, sitôt que la mâturité de la laine, annoncée par la nouvelle qui commence à poindre, ait lieu sans différer, plutôt ou plus tard, elle perdroit de ses qualités; mais qu'aussitôt lavée, quoiqu'elle doive perdre la moitié de son poids, elle soit débarrassée de son suint avant d'être mise en vente ; c'est l'avantage du vendeur, gagnant à plusieurs égards, ainsi que la laine ; enfin, que l'amélioration et le croisement des races par d'autres supérieures, fasse acquérir à la toison plus de qualité, si elle en manque, comme l'a très-bien observé Mérinosse.

Que de choses ne resteroit-il pas à dire sur l'amélioration des laines ! mais c'est assez. Disons quelque chose sur l'importance de votre précieuse toison chers moutons; la conquête de la richesse de votre robe plus ou moins précieuse est, à juste titre, regardée comme une des plus brillantes conquêtes faite par le génie des arts. Portés sur un frèle bâteau, des négocians intrépides, des héros animés par le génie des arts, les grands intérêts de la société et du commerce, non moins que pour les leur, parmi lesquels se trouvoient des princes ; car alors ils ne rougissoient pas de leur être associés, osèrent affronter les tempêtes et les écueils pendant une longue navigation, pour venir dans la Colchide enlever ou acquérir la plus riche de tes dépouilles, la toison d'or, ainsi appelée de sa belle couleur jaune-dorée ; d'où dérive l'illustration de l'ordre de la toison d'or.

Les services que nous rend votre toison, chers troupeaux, sont inappréciables. Votre robe, cette robe qui vous garantit de la rigueur du froid, devient la nôtre, modifiée par des préparations et des formes plus ou moins élégantes, et des couleurs plus ou moins éclatantes. Ici, convertie en riche casimir, elle va draper ou voiler les grâces : là, convertie en drap couleur de pourpre, elle devient la robe fastueuse des enfans de Thémis ; transformée sous toutes sortes de vêtemens, depuis le premirr citoyen jusques au dernier, elle a le privilége de les vêtir et de les parer. A combien d'usages variés ne sert-elle point, dans toutes les diverses métamorphoses que les arts lui font subir? Les arts du dessin et celui d'Arachné se joignant à celui du tisserand, en font des tentures et des tapis de pied, où, dans toutes les saisons, se déploient aux yeux enchantés, et au milieu d'une agréable verdure, l'empire de Flore et de Pomone, les paysages les plus variés et toutes sortes de scènes que la nature animée peut nous représenter.

Ah! innocens animaux, pourquoi faut-il que je fasse mention des infirmités qui vous affligent? Hélas! en beaucoup trop grand nombre! Votre frèle constitution, votre tempérament délicat et votre caractère timide en sont la principale source. Le moindre excès, le moindre écart, la plus petite intempérance, dans l'exercice, le régime de vie, ou dans l'action des météores vous fatigue, vous excède, vous rend malades; une marche précipitée, prolongée, l'humidité, le vent, la pluie, le soleil, tant soit peu ardent et la peur, des végétaux trop aqueux, flatulens vous portent sans pitié de terribles et cruelles atteintes.

Toutes les bêtes à laine, la brebis plus délicate que le belier, ainsi que le mouton à qui sa castration fait tomber les cornes et relâche la fibre, sont susceptibles, ainsi que nous, de maladies aiguës et chroniques.

Parmi les premières, les unes sont inflammatoires et sanguines, comme la péripneumonie, l'esquinancie simple et le cartarrhe simple, ou avec enflure de tête, de bas-ventre, affection de reins ou courbature les maladies de sang et le mal rouge; ainsi que la rougeole, l'érésipèle et l'esquinancie essentielle, dernières affections qui passent à l'état gangreneux.

D'autres bilioso ou seroso-putrides, telles, parmi

les premières, les diverses sortes de charbons, le charbon à la langue, le charbon œdémateux, le vrai charbon ou anthrax, et le chancre, et tous les exanthèmes, tels que le claveau, la cristalline des brebis, les tumeurs produites par les piqûres des insectes ou la ponte de leurs œufs ; et parmi les dernières de cette sous-division, c'est-à-dire les seroso-putrides, les fièvres malignes et diverses épizooties.

Parmi les chroniques, les unes sont distinguées en séreuses, ou seroso-idatiques, ou vermineuses ; comme dans le premier cas, la bouffissure générale et l'hydropisie universelle, et dans le second cas, l'hydropisie encéphalique, l'hydropisie de poitrine et celle du bas-ventre, produites par des hydatides.

D'autres en fluxionnaires, telles que l'écoulement des nazeaux, la morve, la dyssenterie, la diarrhée.

Des troisièmes en consomptives et nerveuses putrides, telles que l'éthisie, la toux convulsive, la pulmonie, les douves, les vers de différentes espèces.

Des quatrièmes en affections cutanées, telles que la gale, les dartres, le bouquet ou noir museau, la brûlure ou mal de feu, et le cancer des brebis.

Que le berger, médecin de son troupeau, fasse tous ses efforts pour prévenir ces diverses affections : ce qu'il peut faire jusques à un certain point, par des soins assidus, la propreté des étables bien saines, bien aérées, le renouvellement de l'air et de la litière, l'emploi de tous les moyens sanifians, sans oublier l'expansion du gaz acide muriatique oxigéné, qui pourroit, tout seul, souvent prévenir les maladies les plus désastreuses, comme les épizooties ou les brider, les faire disparoître ; la fuite, d'autre part, d'une exposition humide, d'une forte chaleur, de la rosée des prairies, des lieux où règne de l'humidité, de l'abus des pâturages flatulens et aqueux, enfin l'observation d'un regime et exercice salutaires.

Si malgré tous ses soins, toutes ses prévenances; il apparoissoit quelqu'une des maladies mentionnées, il doit aussitôt recourir aux moyens les plus efficaces, au traitement thérapeutique, relatif aux diverses affections, à tout ce que sa sagacité, son expérience, lui suggéreront.

Sans entrer dans le traitement de ces diverses affections, ce qui seroit ici déplacé; qu'il me suffise d'observer par rapport au claveau, affection très-commune et très grave, chez les bêtes à laine, que l'on peut considérer comme la petite vérole des moutons, est une maladie épidémique; que cette contagion peut, d'après diverses expériences, être inoculée comme la vaccine, au moyen de quelques piqûres faites avec une lancette, chargée de la matière du claveau, en choisissant sous l'épaule les endroits découvers de laine, et avec autant d'avantage qu'elle, en choisissant un temps opportun qui est celui le plus rapproché de la naissance (1).

Ah! Pan, Palès, Sylvain, génies protecteurs de la bergerie, que vos salutaires influences se joignant à celles du père des saisons, écartent de vous, chers

---

(1) C'est ainsi que M. Isnard, membre de la société d'agriculture de Montpellier, sur vingt-six agneaux lui appartenant, qu'il inocula, il n'en perdit aucun, tandis qu'il perdit sept pour cent parmi les brebis qui avoient le claveau naturel. C'est beaucoup lorsque le claveau ne décime pas.

Voici la marche que présente le développement du claveau inoculé :

Les cinq, six et sept premiers jours, léger gonflement à

troupeaux ! cette foule d'infirmités cruelles qui vous affligent et moissonnent impitoyablement et beliers, et brebis, et moutons, et agneaux, et font la douleur, la désolation de la bergerie et des pasteurs! Ah ! puissent les sons plaintifs de nos tristes chalumeaux n'avoir pas désormais à exprimer à cet égard nos peines et nos regrets ! que plutôt égayés sans cesse par des sons rejouissans, que vous paissiez ou reposiez dans la prairie, le sentiment de gaîté que vous en éprouverez contribue à la conservation de votre santé! Puissiez-vous n'éprouver que les affections de plaisir qui se font ressentir, lorsque votre appétit ou votre soif excitées, trouvent à s'appaiser par les plantes les plus suaves et l'onde cristalline d'un ruisseau limpide, et celles des attraits de la réproduction ! Que ne méritez-vous pas par tous les services rendus à la société! Aussi la reconnoissance vous élevant des autels chez plusieurs nations, fit de vous l'objet de l'idolâtrie publique. L'ancienne Egypte, la Grèce vous rendirent des hommages religieux, et Rome, l'antique Rome, sous Numa Pompilius, inventeur de la première monnoie, adopta votre effigie, symbole de la première richesse.

La possession du belier à toison dorée, présent des Dieux, étoit regardée comme le palladium inviolable

---

l'endroit des piqûres chez les agneaux, perte en même-temps de l'appétit, tristesse, abattement.

Le huitième jour, symptômes du claveau, légère enflûre du museau et écoulement par les naseaux. Les neuvième et dixième jours, éruption des boutons; les onzième et douzième, boutons présentant une croûte qui augmente jusques vers le quinzième jour, époque à laquelle la maladie prend fin ordinairement.

de la fortune et du bonheur des empires, dans l'antiquité payenne : de là sans doute pendant long-temps la prohibition sévère de toute exportation de bêtes à laine d'une riche toison.

Recevez des peuples et pasteurs d'aujourd'hui leurs sincères actions de grâces ; salut et hommage ! Vivent les moutons et la houlette !

De Labergerie. Allons, allons chercher, disposer les prix et les couronnes ! Que notre fête de la bergerie en reçoive un plus grand éclat, témoin de leur distribution.

FIN de la seconde Eglogue.

Disposition de la scène dans l'Eglogue suivante.

Lucas, Mérinosse et Lanicole, sont conduits en triomphe sur la scène par une foule de bergers et de bergères qui les précédent, rangés sur deux files, tous la houlette, surmontée d'un lys, plusieurs formant un chœur de chalumeaux et de fluttes, suivis de Delabergerie au milieu d'Aratre et d'Aristée. Immédiatement devant les triomphateurs est porté le ballet, ou trophée de la bergerie.

Il est composé d'un belier privé, orné de divers rubans, la tête ceinte d'une couronne formée de fleurs naturelles de lys, lequel est entouré des bergers portant élevées et inclinées au-dessus de sa tête leurs houlettes, surmontées d'une fleur de lys, disposées de manière à former par leurs extrêmités, fixées par une guirlande de rubans, une espèce de couronne.

A peine a-t-on pris place, qu'Alcmon entre avec deux militaires, soupçonnés être le général en chef d'une armée des alliés avec un de ses aides, campée dans le voisinage, dont l'apparition excite quelque crainte et une légère rumeur ; mais toute appréhension disparoit aussitôt qu'Alcmon prenant la parole les présente au président.

III.e EGLOGUE.

Alcmon. Président, voici d'honorables étrangers, que j'ai l'honneur d'introduire, les ayant rencontrés près d'ici, poursuivant notre belier, que j'avois été prendre, lequel m'avoit échappé et s'est heureusement rendu au lieu de l'assemblée, qui lui étoit très-familier. Après des renseignemens sur sa destination par eux demandés, ils ont bien voulu, sur mon invitation, nous faire l'honneur d'assister à la célébration de nos jeux ruraux et de la fête de la bergerie.

Delabergerie. Généreux militaires, glorieux libérateurs de la patrie, votre présence nous est d'autant plus agréable qu'elle nous honore et nous flatte infiniment. Faites nous la grâce de prendre place ici.

Dehauteterre et Darcheroutte se levant pour leur faire honneur, leur cèdent, à côté du président, leurs places et prennent un siége pour se mettre à côté d'eux.

Le Général. Oui, la curiosité m'ayant conduit à suivre pendant plus d'une heure ce belier merveilleux, tout chamarré de dorures et de rubans, le front ceint d'une couronne de lys, dirigeant sa course de ce côté; ayant appris, de ce respectable vieillard, qui venoit à pas précipités derrière nous, qu'il devoit faire partie d'une fête pastorale, nous avons cédé avec plaisir à son invitation, bien persuadés de trouver les mêmes sentimens dans cette assemblée intéressante de bergers distingués, et dans leur honorable président.

Spectateur bénévole, je prendrai le plus grand plaisir aux résultats de vos luttes innocentes, et à votre fête patriarchale. Regardez-nous comme des amis qui n'ont forcé le territoire françois que pour vous délivrer du joug de l'oppression, réhabiliter sur son trône un prince malheureux, votre ami, votre père, et rétablir la tranquillité de l'Europe.

D LABERGERIE. Seigneur, honorés de votre présence, notre fête en deviendra plus solennelle et plus intéressante. La fortune qui nous sourit, et a souri à Alcmon, donnera plus de célébrité aux jeux ruraux. *Tout le monde s'ass*

Illustres lutteurs, vous venez de traiter de l'éducation des troupeaux, de leur amélioration, ainsi que de celle de la laine, les trois objets essentiels du concours, avec tant d'ordre, de précision, de clarté, d'élégance, de lumières et de sagacité, que vous n'avez rien laissé à désirer que le prolongement du plaisir de vous entendre, après vous avoir entendu.

Une si importante, une si riche matière, où se rattachent les plus grands intérêts de la société, de l'agriculture, de la ferme, ainsi que du commerce, et, pour laquelle presque toutes les nations et potentats anciens et modernes, ont, à l'envi, décerné des honneurs, des illustrations, des récompenses, à quiconque avoit bien mérité à cet égard, fait prospérer la bergerie, la propagation des troupeaux, leur amélioration: cette intéressante matière, dis-je, vient de recevoir un nouvel intérêt, un nouveau lustre de vos discussions lumineuses.

Que ne nous est-il permis de vous offrir des récompenses dignes de vos talens et du sujet que vous avez illustré; mais la gloire qui suffit aux prétentions des disciples de Pan, d'Apollon, comme de ceux de Mars, et qui vous en revient, vous rendra toujours assez précieux, le modeste instrument pastoral, ou la simple couronne, qui soient en nos facultés de vous décerner.

Lanicole, Mérinosse ayant également fait preuve de talens et de lumières, que deux chalumeaux de même valeur, de même mérite, accompagnés chacun d'une simple couronne de chêne, vous partagent le premier prix Fanfare.

Aimable Ovile, qui avez déployé des talens si éminens pour votre âge, que cette couronne chargée de glands vous tienne lieu d'un second prix! Qu'elle soit pour vous l'heureux emblème des talens fructueux que l'honorable Alcmon vous a transmis, et que vous avez déjà fait fructifier vous-même. Fanfare.

Ayant présidé aux jeux ruraux, que le vénérable Alcmon, le Nestor de ce canton veuille bien, comme sous-président, être le coryphée de la fête pastorale. Je lui cède ma place.

Alcmon. Cet honneur décerné à mes cheveux blancs, digne du grand Ménalque ou du célèbre Agrostème, me réjouit le cœur, mes bons amis, moi qui vous aime tous, qui vous ai tous vu naître.

O le beau jour, la céleste journée, l'intéressante époque que celle qui nous réunit pour fêter la bergerie, l'époque de la paix, la présence de nos libérateurs, la rentrée triomphante du plus adoré des monarques, tout ajoute à la solennité, à l'alégresse. Qu'aux sons réjouissans du chalumeau, s'ouvrent ici des danses pastorales. Célébrons la fête du belier couronné; que les bergers et les bergères sautant, folâtrant à l'entour, avec leur ballet, lui témoignent leur joie, leur contentement et leur reconnoissance! Qu'aussitôt après, un banquet joyeux, des orgies innocentes fassent éclater nos transports, notre alégresse! Que le lait, le miel et le nectar divin cher à Bacchus, y coulent à grands flots! Que ce qu'il y a de plus gras parmi nos agneaux, immolé à Pan, en holocauste, couvre nos tables frugales! Que semblable à nos vins, dont on a suffoqué la fermentation, et dont la mousse fait sauter le bouchon de la bouteilles, lorsqu'une douce chaleur la dilate; que notre joie, trop long-temps opprimée par les désastres et les malheurs de la patrie, mousse et fasse bondir nos cœurs, échauffée par de larges coupes du Champagne, du Bourgogne ou du Rhin! qu'un toast prolongé, et tout en circulant, par l'écho, de coline en coline, soit porté du fond de notre cœur, jusques au palais de notre Roi, et frappe son oreille attendrie!

Salut, reconnoissance, honneur à nos libérateurs, aux sauveurs de la France! Que tout berger, bergère et pastour à l'envi, payant son tribut, fassent chorus avec nous! Excitons, par les sons bruyans du hautbois, et de tous nos chalumeaux, et pipeaux, nos troupeaux réjouis à participer à la fête, à pousser des bêlemens d'hilarité! Provoquons les aboyemens joyeux des chiens même, de nos compagnons gardiens des troupeaux! Que toutes les Nymphes des eaux et des peupliers, Sylvain et les Faunes réunis, sautant et dansant en cœur sur les rives de la Seine, se joignent avec nous pour rendre de tendres et respectueux hommages à la déesse de leur empire et du nôtre! Que l'étoile matinale du berger nous retrouve célébrant encore les louanges de la vie pastorale et du dieu de la gaieté!

ARISTÉE. Qu'il me soit permis au milieu de l'allégresse que cette fête inspire, ô bergers fortunés, de vous présenter nos regrets, obligés de vous quitter pour retourner dans les lieux délicieux, où nos familles soupirent après notre retour et notre présence ! et de faire éclater nos sentimens, trop long-temps comprimés envers le génie tutélaire de la France ! Souvenir affectueux, éternel aux bergers honnêtes, officieux, qui ont le bonheur de fréquenter les rives enchantées de la Seine ! Amour et bénédiction au meilleur des rois, qui nous rend aux charmes de la paix et de la vie pastorale ! objets de sa tendre sollicitude paternelle, que notre dévouement immortel lui soit garant de notre gratitude et de notre bienveillance ! Hommages en même-temps à la Nymphe de la Seine ! que notre contentement et notre joie soient l'expression de l'attachement respectueux que nous lui portons, et du bonheur que nous éprouvons de la revoir, après tant d'amers regrets, et avoir été si long-temps à la retrouver ! Salut et reconnoissance sans borne aux braves libérateurs qui nous ont procuré tous ces avantages !

Abatre. Que de douceurs nous offre ce jour de jubilation, après tant d'amertumes éprouvées par nos cœurs, si long-temps contristés par le deuil de la bergerie et de la France ! Qu'il est heureux pour nous de voir enfin arriver le terme de nos éternelles afflictions et de nos longues peines ! mais qu'il est pénible d'avoir à se séparer de ses amis, des objets de son affection, de sa reconnoissance ! Jour de bonheur et de prospérité pastorales, salut et honneur ! Paix délicieuse tant désirée, salut, amour et fidélité ! Monarque si digne d'être aimé, salut, vénération et piété filiale ! Nymphe incomparable de la Seine, salut et adoration ! Bergers si officieux, si obligeans, salut, souvenir et amitié éternelle ! Bienfaiteurs de l'humanité, généreux, héroïques libérateurs, de quelques contrées que vous soyez, salut, actions de grâces et gloire immortelle !

Alcmon. Oui, n'ayant plus à craindre les fureurs ni les rapines du démon de la guerre, nous pourrons désormais couler paisiblement nos jours au milieu de nos troupeaux, et dans le soin des occupations pastorales, voir nos moutons et nos brebis dociles et soumis au doux empire de la houlette, et aux ordres ministériels de nos fidèles chiens, vous mener paître, au loin, sans craindre, ni les loups ravissans, ni les mains déprédatrices. Il ne me reste pour comble de bonheur, avant de terminer dans nos vallons ma paisible carrière, que de voir mon cher Lucas, uni à la tendre Perette, satisfaisant, ainsi tout à la fois à l'amour paternel et au devoir sacré de l'amitié.

Le Général. Vénérable Alcmon, pardon si je vous interromps : quel motif peut vous faire différer une union projetée, qui doit contribuer à votre bonheur et faire sans doute la félicité de votre fils.

Alcmon. Seigneur, les circonstances impérieuses ; la perte d'une grande partie de mon troupeau devenue la proie des besoins des armées, sans doute, et l'attente d'une amélioration de fortune !

Le Général. A cela ne tienne, pauvre Alcmon ; trop heureux pour moi de trouver l'occasion de faire des heureux ; vous voudrez bien que je sois en partie l'artisan du bonheur de votre fils et de l'aimable Perette. Je triple dès ce moment votre troupeau ; et voilà une petite bourse pour les joyaux de la petite bergère. Que cette fête ne se termine point sans que je sois témoin de l'union d'un couple si intéressant.

Alcmon. O ! Lucas, Perette, unissez-vous à moi, et remercions notre bienfaiteur commun. *(mais tous troublés ne sachant comment s'y prendre)* Seigneur nous ne savons comment vous exprimer notre vive reconnoissance. Tant de générosité de votre part, nous oppresse le cœur et la langue. Permettez-nous l'honneur de baiser la main généreuse qui nous accable de ses bienfaits ; partagez, avec la providence que vous représentez pour nous sur la terre, les bénédictions d'un vieillard dont les enfans partageront l'éternelle reconnoissance.

Le Général tend amicalement une main à Alcmon, d'abord, et puis il prend Lucas et Perette chacun d'une main ; qu'ils baisent chacun de son côté ; et se tournant vers Alcmon : qu'il me soit permis d'embrasser l'aimable bergère.

Alcmon. Ma chère enfant, cela ne sauroit être refusé ; un bienfaiteur est comme un second père.

Le Général, *ayant embrassé Perette, qui rougit de pudeur, la prend encore d'une main et Lucas de l'autre, et ajoute* : mes amis, je désire votre bien par l'intérêt que vous m'inspirez. Soyez heureux ! le vrai bonheur se trouve de préférence au sein de la vertu et près de la nature. On vient de me convaincre que la vie pastorale a des charmes qui en valent bien d'autres ; que les plaisirs purs des champs sont bien au-dessus des plaisirs de la ville, et je pourrois ajouter de ceux mêmes des cours. Puissiez-vous les goûter sans altération désormais ! Que l'hymen y joigne toutes ses douceurs. C'est à moi d'en cimenter le nœud, après l'avoir anticipé, en faisant les frais de l'anneau nuptial. Que cette bague, en vous rappelant vos engagemens réciproques, vous rappelle quelquefois mon souvenir.

LUCAS. Impossible que nous puissions jamais oublier un bienfaiteur si généreux ! Dès ce soir ou demain, un ormeau planté de mes mains devant la bergerie d'Alcmon, voué à la reconnoissance, nous rappelant sans cesse votre agréable et précieux souvenir, attestera à tout le hameau et à tous les passans notre immortelle reconnoissance ; et sous son ombre hospitalière, tout en jouant du chalumeau, je chanterai un jour à mes enfans vos vertus et votre bienfaisance.

PERETTE. Oui sur l'écorce de cet ormeau sacré, le cœur de Lucas et de Perette, unis, enflammés, brûleront sur l'autel de la reconnoissance, où votre chiffre sera gravé.

LE GÉNÉRAL. O couple trop intéressant, tant de reconnoissance vaut plus que le bienfait ! Heureux Alcmon *(en s'adressant au père)*, jamais enfans plus dignes d'être unis, et de la bénédiction paternelle !

ALCMON. *(ému, attendri, les prenant par la main)*. Mes chers enfans, à jamais soyez unis sous les auspices de notre bienfaiteur, puisqu'il le désire en ce moment ; la fête pastorale en sera plus joyeuse, et votre hymen plus solennel. Que vos liens resserrés par cet anneau soient aussi inaltérables, aussi brillans que ce diamant est indissoluble, étincellant ; que bientôt environnés de nombreux enfans, leurs jeux enfantins me rajeunissent ; que le ciel joigne demain ses bénédictions aux miennes !

LUCAS. Trop bon père ! *(en l'embrassant)* à jamais occupé de votre joie et de votre bonheur ; dès ce moment soyez dégagé du fardeau de la houlette ! que votre fils, vous remplaçant, toujours soumis, respectueux, mérite sans cesse votre tendresse et votre confiance ! Puissent nos soins prolonger votre heureuse vieillesse ! et puissions-nous, dirigés par vos conseils, apprendre l'art difficile et méritoire de gouverner un nombreux troupeau !

Perette. Père très-bon ! très honoré ! *(en l'embrassant avec attendrissement)* que ne m'impose pas, et la piété filiale, et tous vos soins prodigués à mon enfance ! moi pauvre orpheline, abandonnée, sans vous, de l'univers entier peut-être ! que l'effusion de ma sensibilité vous exprime tous mes sentimens, mon amour et ma reconnoissance ! Puissé-je, par un juste retour, avoir long-temps le bonheur de soigner votre auguste vieillesse ! Que le ciel soit témoin de la sincérité de tous mes sentimens, comme il en entend les assurances !

Alcmon. J'aurois assez vécu, mes chers enfans ! puisque je suis témoin de votre bonheur ; mais pas assez pour vous encore, jeunes et sans expérience ; le ciel m'a trop aimé pour ne pas exaucer mes vœux.

Lucas *prenant la main de Perette.* Cher objet de mon amour, de ma tendresse ! Jouissons de notre bonheur ; aimons-nous maris, comme nous nous sommes aimés amans, et s'il se peut davantage ! indissolublement unis au gré de nos désirs, faisons toujours notre bonheur de nous aimer l'un l'autre, de nous retrouver les mêmes en tout temps et dans toutes les circonstances du ménage, pour la félicité et la paix domestique. Puissé je, chère amie, idole de mon cœur, *en l'embrassant*, embrasser bientôt tes enfans et les miens.

Perette. O cher Lucas, plus de soupçon, plus de craintes ; toute à toi, tout à moi, félicité sera parfaite ! nos jours calmes et sereins couleront paisiblement comme une onde claire et pure. Puissions-nous de l'hymen ne pas sentir la douce chaîne, et voir par surcroît de bonheur, notre amour croître avec nos enfans, si le ciel nous en donne.

Ma chère Agnès, confidente de mes soucis et de mes peines, ange consolateur ; que je te dois d'affection et de reconnoissance ! Embrassons-nous et aimons-nous toujours comme des inséparables. Vis avec nous et sois témoin du bonheur de ta tendre amie.

AGNÈS. Chère Perette, je suis toute ravie de ton bonheur ! combien tu le mérites ! Heureux Lucas ! c'est un trésor que jamais vous n'apprécierez à sa juste valeur ! Que j'ai de joie de votre hymen ! Je connoissois votre amour, dépositaire de vos sentimens l'un pour l'autre. Continuez à vous aimer comme deux tourterelles ! Mon cœur toujours ouvert à l'amitié, volontiers sera témoin et confident du bonheur de l'hymen et de ses douces peines.

DELABERGERIE. Couple heureux et qui le méritez à tant de titres ! tous nos bergers et nos bergères voient avec intérêt et bienveillance, votre bonheur et votre félicité, et vont se donner un surcroît de plaisir de mêler à leurs jeux et à leurs danses en l'honneur de Pan et de Palès, ceux que l'on doit aux amours et à l'hymen, si jaloux de l'hommage des bergers.

ALCMON. Remercions, chers enfans, tous les bergers et bergères, de l'intérêt affectueux qu'ils prennent à votre hymen et à notre bonheur, et de leur obligeance amicale à vous mettre en part dans la célébration de la fête.

LUCAS et PERETTE. Gratitude et bienveillance à tant d'honneur et de bonté ! *En élevant la voix.*

Quelques bergers et bergères sortent avec Agnès; un ami de Lucas en tête.

Grand nombre d'officiers étrangers, ayant à leur tête un autre aide du général qu'ils cherchent, se présentent aussitôt, au milieu d'un grand bruit, à l'assemblée épouvantée.

Le Général, *s'apercevant de l'épouvante.* Rassurez-vous, bergers, vous n'avez absolument rien à craindre; que cette circonstance ne suspende qu'un instant vos amusemens et la fête.

L'Aide de camp, *apercevant le général.* Ah! mon général, quel plaisir, quel bonheur de vous rejoindre! Votre disparition sans mot dire à personne, votre absence trop prolongée loin de l'armée, la crainte de quelque surprise pendant votre éloignement, tout jette l'alarme dans les esprits. La rumeur est un peu dans le camp; chacun se demande: qu'est devenu notre bon général? où est-il? seroit-il retourné à Paris sans en avertir aucun chef de l'état-major? Cela ne se peut; il faut qu'on le cherche, il nous le faut voir ou savoir ce qu'il est devenu; s'il est en sûreté; il faut qu'il se retrouve.

De tout côté, on est à votre piste, à votre recherche: venez, notre cher général, dissiper les appréhensions par votre présence; vous nous voyez tout couverts de sueur et de poussière, tout haletans. C'étoit à qui de trotter, de galoper, battre champs, bois et forêts voisines, craignant tous que vous ne vous fussiez fourvoyé; que quelque chose de malencontreux ne vous fût arrivé. Ah! Seigneur (*en lui baisant la main*), pourquoi exposer ainsi une tête si chère et si précieuse! Précieuse à toute l'armée, officiers et soldats! Précieuse à notre gloire militaire! Précieuse à notre roi, au prince même des françois dont toute l'Europe défend la cause! Qui pourroit s'imaginer, illustre libérateur de la France, que vous fussiez dans ce moment au milieu de simples bergers, lorsque votre présence n'est pas moins utile au milieu du conseil des monarques, qu'à la tête de l'armée !

Le Général. Que vous êtes bons, mes amis, de vous alarmer si légèrement à mon égard ! J'y vois là de grandes preuves d'attachement ; j'en suis infiniment reconnoissant. J'ai quelque tort peut-être de m'être absenté si long-temps ; mais pouvois-je prévoir l'aventure heureuse et remarquable qui m'est arrivée. La rencontre de ce belier que vous voyez, de ce rassemblement de bergers, la curiosité d'en savoir le pourquoi, le motif, les agrémens de cette fête pastorale, les instans délicieux que je viens d'y passer, après le spectacle affligeant, non-seulement de tous les malheurs inséparables de la guerre, mais de cruelles dissensions intestines qui désolent un si beau pays : tout ne pouvoit que m'entraîner et me faire oublier moi-même. Je ne puis vous dire tout ce que j'ai éprouvé d'aimable, d'intéressant au milieu de ces bons et respectables bergers. Ils m'ont absolument fait oublier que je pouvois courir quelques risques ; ils sont de nos amis, et j'augure qu'ils m'eussent plutôt défendu, si quelque chose avoit pu me faire craindre.

L'Aide-de-camp. Oui, et avec quelles armes ?

Lucas. *Avec tous les bergers en élevant la houlette.* Avec nos houlettes et nos frondes, non moins redoutables à nos ennemis que les fusils et le sabre.

Le Général. Brave ! brave ! oh sublime enthousiasme ! comme des armées toutes composées de bergers de votre trempe seroient formidables. Les Scythes l'eussent été moins pour Alexandre.

Delabergerie. Nos chevaliers de la houlette d'où émanent, dit-on, ceux de la toison d'or, la manient d'ailleurs comme les Bretons le bâton. Vos jours étoient au milieu de nous, autant en sûreté qu'ils pouvoient l'être. Illustres libérateurs de la patrie des Français, vous eussiez vu plutôt couler tout notre sang, avant que la moindre atteinte eût pu être portée à votre existence. Vivent, vivent les libérateurs de la patrie, vive le héros libérateur qui nous honore de sa présence.

Le Général. Ah! honorables bergers, dignes de l'Arcadie, vos sentimens généreux, héroiques excitent autant mon admiration que ma reconnoissance; je n'oublierai jamais les momens agréables et délicieux que j'ai passés auprès de vous Ah! puissiez vous sous des lois sages, sous la tutelle paternelle d'un si bon Roi, couler, avec tous les Français soumis et réunis désormais, des jours fortunés et prospères.

Braves militaires, retournez à l'armée, auprès de nos amis, nos camarades; allez les rassurer : dites-leur bien de ma part, que leur général a bien pu s'oublier lui-même un instant, mais n'a jamais oublié ses devoirs, ni tout ce qu'il doit d'affection à l'armée, dont la bienveillance l'honore et l'attendrit. Témoignez-leur ma gratitude et ma reconnoissance. Ajoutez que je vous suis de près Quelques-uns d'entre vous peuvent rester pour m'accompagner ou participer quelques instans aux plaisirs innocens de cette fête pastorale, en se mêlant aux danses.

Commençons à cimenter l'union qui doit à jamais régner entre le peuple français, leur roi et toutes les nations et les rois de l'Europe, et crions tous : Vivent les françois, vive Bourbon leur roi, vive son auguste famille. Je me retire : qu'une partie de vous me suive; *s'adressant à ses officiers, il sort saluant les bergers de la main avec un sourire noble et gracieux.*

Vous pouvez, aimables bergers, vous livrer à toute la joie et le plaisir de votre fête.

Les bergers et bergères qui étoient sortis rentrent en dansant, se tenant deux à deux par la main, precédés d'un berger, qui porte un grand drapeau blanc, où se trouve peint le Dieu Pan couronné, suivi immédiatement d'Agnès, portant une couronne de myrthe, et de l'ami de Lucas, portant le petit drapeau de l'hymen, où sont peints un autel sur lequel sont deux cœurs enflammés, tous deux se donnant également la main.

AGNÈS et l'AMI de LUCAS. Dansons, chantons, couronnons Pan, l'Hymen et les Amours. *En couronnant Perette.*

La danse pastorale du bélier et des amours termine la fête.

FIN de la troisième et dernière Eglogue.

Ouvrages imprimés du même Auteur.

MÉLANGES de physiologie, de physique et de chimie; contenant quatre Traités. Le 1.er sur les rapports organiques; le 2.e sur l'électricité; le 3.e sur le galvanisme; et le 4.e sur l'aimant. 2 vol. in-8.o, caractère philosophie. An XI.-1813.

Discours sur l'utilité des sciences, arts et belles-lettres, et discours sur les progrès de la physique, in-8.o

Leçons physico-météorologique sur les constitutions des saisons, relativement à l'économie animale et végétale, renfermant un traité de météorologie, in-8o, caractère cicero.

Principes d'astronomie, avec de nouvelles vues sous forme de colloques, entre l'Empirée et Uranie, etc. in-8o, même caractère.

Leçons sur l'art d'observer, in-8.o, même caractère.

Leçons sur l'idéologie, in-8o, même caractère.

Traité sur la lumière, in-8.o, même caractère.

Préleçon et postleçon d'un cours de physique et de chimie renfermant un discours sur la philosophie de l'expérience, in-8.o, même caractère.

Description des principaux polypes, avec une nouvelle explication en partie des phénomènes de leur instinct; fragment d'un ouvrage manuscrit de l'auteur sur l'ontologie, dont l'annonce analytique a déja paru imprimée in-12, caractère petit romain.

Pastorale sur le retour de la paix et de l'empire des Bourbons ou la fête des lys, en deux églogues, in-8 o même caractère.

La restauration des jeux ruraux, sur la culture de la vigne, de l'olivier et du bled, ou la fête de l'agriculture, pastorale en trois églogues, in-8.o même caractère.

Les jeux ruraux sur le régime et l'administration des ruches ou la fête des ruches, pastorale en trois églogues, in-8 o même caractère.

Ils se vendent tous chez les libraires de Montpellier; et à Paris chez Allut et autres, à l'exception des pastorales, non encore envoyées.

www.ingramcontent.com/pod-product-compliance
Lightning Source LLC
LaVergne TN
LVHW012359220826
846092LV00002B/564

* 9 7 8 2 3 2 9 6 0 7 3 6 8 *